本书出版受北京印刷学院"国家级项目配套经费——晚明文人张岱的日常生活与晚明物质文化研究"（项目编号 04190117001/030/006）经费支持。

艺术设计人文丛书

中国传统工艺与包装文化

安宝江　安剑秋　著

重庆大学出版社

图书在版编目（CIP）数据

中国传统工艺与包装文化/安宝江，安剑秋著. -- 重庆：
重庆大学出版社，2023.1
（艺术设计人文丛书）
ISBN 978-7-5689-0579-4

Ⅰ．①中…　Ⅱ．①安…②安…　Ⅲ①包装设计
Ⅳ．①TB482

中国版本图书馆CIP数据核字（2017）第142787号

艺术设计人文丛书
中国传统工艺与包装文化
ZHONGGUO CHUANTONG GONGYI YU BAOZHUANG WENHUA

安宝江　安剑秋　著
策划编辑：张菱芷　刘雯娜
责任编辑：刘雯娜　　　　　版式设计：刘雯娜
责任校对：张红梅　　　　　责任印制：赵　晟
*
重庆大学出版社出版发行
出版人：饶帮华
社址：重庆市沙坪坝区大学城西路 21 号
邮编：401331
电话：（023）88617190 88617185（中小学）
传真：（023）88617186 88617166
网址：http://www.cqup.com.cn
邮箱：fxk@cqup.com.cn（营销中心）
全国新华书店经销
重庆升光电力印务有限公司印刷
*
开本：787 mm × 1092 mm　1/16　印张：7.75　字数：141 千
2023 年 1 月第 1 版　2023 年 1 月第 1 次印刷
ISBN 978-7-5689-0579-4　定价：48.00 元

目 录
Contents

第一章　包装的概述

第一节　包装与传统包装

　　"包装"是一个现代名词，产生于 20 世纪。由于商业的高度发展，商业行为的每一个环节都受到密切关注，在商品储运、销售过程中具有至关重要作用的包装自然成为一个研究的关注点。随着包装的概念、含义的日渐丰富与成熟，包装逐渐发展为一门学科。1952 年美国密歇根州立大学首次开设包装课程，标志着包装已经具有了成为一门独立学科的学术背景。

　　对于包装的定义，《辞海》是这样概括的："指盛装和保护产品的容器，即包装物，如箱、袋、瓶、盒等。按在流通中的作用可分为内包装（也称小包装）、中包装、外包装；按用途可分为通用包装、专用包装；按耐压程度可分为硬包装、半硬包装、软包装。它对维护产品质量，减少损耗，便于运输、储藏和销售，美化商品和提高服务质量都有重要作用。"[1] 美国包装学会对包装的定义是："符合产品之需求，依最佳之成本，便于货

---

[1]　夏征农，陈至立.辞海[M].6版.上海：上海辞书出版社，2009：116.

物之传送、流通、交易、储存与贩卖，而实施的统筹整体系统的准备工作。"[1]

"包装"这一名词产生于现代，但是包装这一行为却横贯人类生活的历史。在茹毛饮血的时代，人类利用、改造自然的能力非常低，植物及石制品是人类使用得最多的工具。低水平的生产力也不可能生产出很多需要包装的剩余物，仅有的一点包装所应用最多的包装材料也就是植物。由于植物易腐，远古时的包装实物遗留很少，但是以新石器时代的一些器物所留下的印痕、纹饰为考证的部分依据来看，有理由相信它们就是早期绳包装在陶器上的残留体现。西安半坡和河南安阳出土的陶器及烧制陶器的窑室，浙江钱山漾石器遗址发掘的麻布、麻绳、丝带、绢及200余件竹器都可谓古老包装的例证。在《水浒传》第二回"史大郎夜走华阴县 鲁提辖拳打镇关西"中，郑屠卖肉以荷叶作包装，即使是送到他所认为的小种经略府时，也是以此包装交于鲁达，这反映了元明时期的民间日常包装特色。即便是现在，用植物作包装在许多地区仍然具有重要地位，在"绿色""生态""可持续发展"的现代理念下，如何利用植物进行包装使传统包装的研究具有更多的现实意义。

火的应用将人类历史推入新的时代，人类所能掌握的工具开始增多，陶器成为许多民族掌握的最早的人造物。由此开始，金属、玉石、漆器、竹木、丝织物、玻璃、纸等，任何能够利用的材料，只要技术上没有障碍，都能成为包装材料。与此同时，制作工艺的发达让包装不但在外形、纹饰层面具有了更多的可能性，而且如何更好、更多地使其具有特定功能正是包装所追求的。商周青铜器以其形制、纹饰和它所散发的某种神秘感成为时代的代表；如玉类冰的瓷器以其神秘莫测的釉而迷人；中国人对玉器的特殊感情使得玉器包装更显雅致、名贵；而花样繁多的织物包装足以让人联想起"买椟还珠"的古老寓言；繁缛的清代景泰蓝传达的是皇族的审美喜尚。与此同时，清代宫廷中的一件包装文房四宝的器物，在砚台下居然设计有一个可以盛放热水以暖砚的盒子，这不禁让人对古代工匠的巧思佩服不已。

---

[1] 陈光义，耿燕.包装设计[M].北京：清华大学出版社，2010：48.

　　包装是一个现代名词，它的产生是建立在现代工业化社会前提下的，其符合现代社会的要求，而传统包装所依存的是一个与现代社会有着迥然差异的社会形态。在长达数千年的农业社会里，"士、农、工、商"是社会普遍认可的阶层划分，"诗书耕读""朝为田舍郎，暮登天子堂"是每个人梦寐以求的生活状态，而富商大贾获利之后往往以在家乡广置田产为要务，于是晋商有了举国知名的山西大院，徽商则通过广立贞节牌坊来维护家庭观念。这些包装行为营造的是一种稳定、平和、安详的社会环境，传达出来的是浓浓的生活气息，相对于宜人的田园风光，喧嚷的市井更加亲切真实。生活才是要务，生产实属"下品"。而且从发展的角度来说，越追根溯源，它的模糊性也就越强，越不容易明确归类。以此时代的概念来划归彼时代的事物，必然造成顾此失彼的情况。如果完全以包装的现代概念来对传统包装进行归类，那么很多传统包装就不能划进包装的范畴了。

　　现代包装是产生在商业社会背景下的，其目的是提升商品销量，每一项设计都必须符合商业目的，它是生产的包装。而传统包装有相当一部分是不进入销售环节的，在自给自足的社会里，非商品的馈赠同样需要包装，如果是赏赐，其包装必定会富丽堂皇而夺目，但它是生活的包装。李渔曾在吟诵荷花时写道："只有霜中败叶，零落难堪，似成弃物矣；乃摘而藏之，又备经年裹物之用。是芙蕖也者，无一时一刻不适耳目之观，无一物一丝不备家常之用者也。"[1] 在这里，李渔将秋后荷叶可以用作包裹物品作为荷的一项美德，此可为明清时代文人日常生活包装之一瞥。以荷叶裹物，这种完全的生活包装行为显然不能相同于商品包装的概念，甚至出现以此概念划分可以归为此类物品，而以另一个概念划分时又可以归为另一类物品的现象。所以，在对传统物品进行类属划归时，不能全部依照现代包装中常见的范式来确定某物品是否属于包装，传统包装所具有的生活特性需要更多地分析包装的定义本身。

　　现代生活中依然保留着许多从古代沿袭而来的包装方式，虽然时代改变了，但这些包装仍然采取旧有的方式，也算是传统包装，所以传统包装这一概念不是以时间作为截然

[1]　李渔.闲情偶寄·种植部[M].郑州：中州古籍出版社，2013：379.

区分的。就像粽子，这一端午节里的传统食品早已成为一个传统符号，阔叶包裹的食品所唤起的是人们对传统的怀想，这种传统的方式所代表的仍然是一种传统的理念，所以现代人制作的粽子也只能划归于传统一类。

尽管如此，对传统包装进行研究也有其必要性。第一，它们同属于包装这一范畴，这就具有了研究的基础。第二，传统包装所经历的是一个漫长的历史过程。在这个历史时期内，对不同社会历史背景下包装形式的考察，为研究、验证人们对包装的选择是否存在某种规律性倾向提供了认识基础，这对于研究包装的社会接受倾向是具有参考价值的。第三，传统包装作为古代人日常生活的组成部分，所反映的是当时真实的生活状态。通过包装来考察、研究古代社会的文化、思想，传统包装所具有的价值就不再仅仅是一般意义上的设计参考了，其研究意义超出了设计和包装本身，这同时也取决于研究者的研究角度、方法和层次。

第二节　包装的形成

现代包装研究认为，包装具有保护、储运、促进销售的功能。保护和储运是包装最基本的结构功能，这两个功能决定了包装区别于其他物品成为包装，是包装产生的条件。而这两个基本要求的产生实际上是基于一个原因，即剩余产品的出现，也就是生产和使用相分离。这就意味着生产和使用这两个行为不是连贯的，其间存在一个时间差。物品在被生产出来后，不是被生产者直接消耗掉，而是让他者去实现消耗该物品的结果。在这个时段里，需要一个中间环节保证该物品不会变质，于是保护和储藏的需求便出现了，而包装正是为了实现这一需求。因此，在生产和使用之间，保护物品是包装最基本、最重要的功能。包装区别于一般盛装器物的特点便是它的储藏保护，即产品在被生产出来后，包装必须在产品被消耗前实现保护功能并持续相当长一段时间。一般的盛放器是即时性的，它们具有保护功能但却不具备储运功能。比如饮水器，它在人们从水源中获得水分、满足饮用需求之后便已完成其任务，直到下一次饮水，它的作用才能再一次体现出来。同样是一个饮水器，如果盛水后不是立即被饮用，而是要保证里面的水在一段时间内不变质，那么，这个器皿在这一时间段内就成了一件包装。

一般器具与包装的区别还在于是否参与了内装物的功能实现过程，也就是对于"使用"这一过程的参与。饮酒时的酒杯、喝茶时的茶壶，以及古代人常用的香炉，这些都不能被算作包装。这些器具对盛放物具有保护作用，但在实现这一功能的时候，它们是作为用具使用的。也就是说，这些用具与包装的区别在于，用具参与了被包装物功能的实现过程，所以它们不是包装。当然，这是从功能类属的区别上来说的，实际上，这两个功能层面是可以混合在一起的。只是如果该包装发生了功能的变换，它就不再是包装了，而成为一般器具。比如，有些包装既可以作为包装存在，同时也可以作为用具使用。如果一件包装被当作一般器具，那么这件包装在这时就只能属于一般器具。如果一件器物同时能够实现包装和使用这两种功能，那么这件器具在这一过程中就必然发生了类属的转化。所以，对于一件器物，它的类属取决于它的功能，功能转变了，也就不再属于以前的类属了；而当功能回归时，它又再次实现类属的回归。因此，综合上述区别，包装一般是不参与其内盛物的功能实现的，而必须由其他用具来实现，两个功能需要两件器物来实现。如果包装参与了，那么那时的包装就转变成为一种一般用具。

中国古代器皿种类繁多，如商周时期的青铜器有鼎、鬲、簋、簠、甗、豆、斝、卣、爵、角、瓠、彝、觥、觯、罇、壶、钫、罍、否、瓿、敦、钟、樽、盉、盘、鉴、匜，等等。这些有着特定名称的商周时期用具，现代人基本不再使用了，对它们的用途仅凭外形主观臆测必然会不明就里。哪些可算是包装，哪些又只能归为一般器具，在了解了这些器物各自的功能后，依照包装与一般盛放器的区别进行筛选，才能逐次排除非包装。当然，有的器物或许在不同的时代有着不同的用途，在这一时代可能是包装，在另一时代可能又只是一般用具了。

此外，还有一个区分一般器具与包装的办法，就是是否满足储运功能。如熏球，在其内部盛放燃烧的香料散发香味以熏染。因其是随身携带的，所以一般来说体积较小，里面会设计装置以免香料撒出来。从它内装燃烧的香料来说，它是一件用具；但由于它是随身携带的，既要保证燃烧的持续，又要保护人和衣料不被灼伤，所以它又是一件包装。这时的熏球可以说既是包装又是用具，内部盛放香料的部分是用具，外面保护的部分则是包装。

第三节　包装的材料

不同的包装材料有其自身的特性，其特性与功能是相对应的。通常，一种材料可以满足不同的包装物品，但是，若严格来说，针对某种要求却只有一种材料最适合，这是由各自的物理、化学性质所决定的，关键在于如何根据需要选择某种适合的材料来进行包装。

陶瓷包装耐酸碱、腐蚀，尤其是瓷，因为釉致密而不透水、不透气，所以具有良好的封闭性，这对于易挥发或不耐潮湿的物品来说算是上乘的包装材料，如酒的包装。在现代化学材料缺乏的年代里，陶瓷包装因其优良的功能而成为应用得最多的材料之一，作为陶瓷大国，陶瓷包装技术娴熟、取材方便、成本低廉，这也是它被广泛应用的直接原因。现代酒包装中陶瓷也占据了相当大的比例，特别是在高级酒包装里，陶瓷的古香古色所传达出的特殊视觉感受，使其成为展现该酒档次的一个载体。但是陶瓷还有一个特点就是质硬而脆，一旦出现裂缝，即便没有完全破碎，也基本失去了其包装功能。所以，如何尽量使陶瓷发挥它的优点而避免不足，就是陶瓷包装所要追求的。梅瓶是两宋时期发展成熟的一种古代酒包装。[1] 它口小而肩丰，形体高而渐敛，小口容易密封，容量大能够盛装更多的酒，重心高说明这是一种运输包装，适合大量此类容器并列储存。如何解决容器因碰撞引起的破碎问题呢？古人的一个解决办法就是在容器之间加衬物。比如，在大型陶瓷器皿

---

[1]　孙建君.中国民间美术教程[M].天津：天津人民出版社，2005：98.

外裹以藤编、竹编或以稻麦秸秆间隔，而小型器皿则在容器间用织物等柔软的物品包裹，这样不但可以防止器皿间碰撞，也能防止摩擦对包装的破坏。除此之外，还有一个常常并行使用的解决办法就是让多个包装紧密结合，尽量使其成为一体。

不同物品被保护的需求不同，除了包装对物品的满足之外，还有物品对包装的要求。自从东汉蔡伦发明出制作快速而材料来源丰富的纸之后，纸就成为一种廉价且应用广泛的生活物品。以中药汤剂为例，汤剂中的药大部分都是植物性药材，在采集处理之后基本以植物原貌储存。需要时再根据大夫开出的药方到药房取药，而中药汤剂一般是由几种药混合熬煮而成的。因此，药店储存药材可以用纸作为中药的短期包装，这时的包装很大程度上是用以区分各味药材，防止其混合，所以廉价而又容易保持清洁的纸就非常适合。而患者拿到大夫的药方之后取药，由于所取的药物一般来说并非一次性就能用完，而是要分几次使用，因此，纸在这种临时性包装上所具有的便利和廉价的优点就显而易见。中式饮食极其重视过程，可以经由某个过程使简单的原料变成奇妙的佳肴。例如粽子，用粽叶包裹住米，使其形成粽子的形状，在蒸煮过程中，粽叶的味道融入米的味道中，使米的浓香又增添了叶子清新的鲜嫩味道，最佳的包装莫过于此。在南方地区的荒僻野外，砍半个竹节，将米淘过后放进竹节，加上盐和适量的水，放柴火上烧煮，等米饭煮好后再劈开食用。这种方法与粽子的包裹蒸煮方法有异曲同工之妙，也不禁让人联想到橡木之于葡萄酒的重要作用。对于这种巧思，人们往往因熟视而无睹，忽视了这种古老习俗所蕴含的启发意义。

如果包装的目的已经不仅仅是保护物品，而是一种显示其高贵地位的资本或靡费众多不足以表达某种意愿，那么，除了精心、精致地对包装进行艺术化处理以提高其品位之外，就是对材料的苛刻选择了。以唐代某墓中盛放舍利的金棺银椁为例。这套金棺银椁是1985年在陕西临潼县（现临潼区）新丰镇庆山寺遗址出土的，金棺高6.5~9.5厘米、长14厘米、宽4.5~7.4厘米；银椁高10~14.5厘米、长21厘米、宽7~12厘米。棺为铜制鎏金，盖若瓦形，下有长形镂空座。盖中央粘以鎏金卷草，卷草中央嵌以猫眼石。棺、盖两侧及棺体末端以珍珠堆饰团花，并粘有绢叶。棺首铆有一对鎏金铜狮，出土时置于棺内。银椁形制与金棺相同，下方配有束腰须弥座。须弥座长23.4厘米、宽17厘米、高12厘米，上沿绕以镂空围栏，四周有门。底座饰台门，座周粘满珍珠为饰。盖顶中央粘一鎏金莲花，以玉片、玛瑙作莲蕊。盖四周粘以珍珠团花并镶嵌猫眼宝石、水晶石和蓝宝石等，宝石上以粗银丝挽成螺旋。椁首有扉门两扇，各粘一鎏金菩萨。尾端粘鎏金摩尼宝珠。椁两侧粘释迦牟尼十大弟子鎏金像。椁身贴饰的鎏金图案与银椁素色形成鲜明对比，而缀饰的宝石、珍珠更分外增加了该器物的富丽堂皇，但底座装饰则在形制上较胜，单体的色彩不足，只有与银棺对比、映衬才能显示出整体的协调。整套棺具包装玲珑别致，取材几乎穷尽世间之珍宝为己用，工艺绝伦，丝毫不吝惜工时以达珠联璧合之效果。

　　不同的包装材料具有不同的审美功能，能满足不同的审美诉求。中国古代发达的工艺水平使得保护早已经超越了对功能的机械满足这一基本要求，如何发挥某种材料的材质特点，创造出一种美的触动，满足或普遍或特殊的审美需求，这便诉诸对工艺材料的审美挖掘。在石器时代里，与人们打交道最多的除了植物，便是石头了。中国古代对玉的判断是"石之美者"，透明材质和特殊颜色的石头吸引了人们的注意，"物以稀为贵"，古人对这种石头偏爱至极，因此，玉便从石中脱颖而出。但是，由于玉石个体往往不大，制作器物的工艺又相当烦琐、费力，所以直接以玉石雕琢成的实用包装器物并不太多。此外，玉由于其晶莹品质而为中国人所重，并给玉赋予了"五德"，大多数玉被用作礼器，而用作包装的也只是其中一部分。只有鼻烟壶，因其体积小，而且到清朝时期，工艺已经极为发达，所以制作了较多的玉鼻烟壶。可以说，玉包装的切实作用实在不大，但它的独特之处在于"可望而不可即"。"守身如玉""冰清玉洁"等成语都显示了古人对玉的尊崇，但是玉毕竟少，于是对玉的品质的追求成为人们努力的目标，对玉品质的追仿成为人们孜孜不倦的动力，以瓷仿玉、以玻璃仿玉，如对优质青瓷的评价用"如冰似玉"来形容。对玉的膜拜导致对类玉器物的珍视，而类玉的包装则为其包装物赢得了极高的情感，这种情感的转移正是包装增益包装物价值的体现。在发挥材质特点上，中国古代工艺家发展出"巧作"——以瑕疵作为画龙点睛之处。如一块玉料上有两个小黑点，这本为瑕疵，但是在将这两个小黑点作为古代瑞兽——龟的眼睛之后，瑕疵反而成了亮点。而根雕则更是专找盘曲怪形的竹木根，意想其形，斫足去首，可能做成一个自然生动的把壶。如此之类的巧思不一而足，这也成为紫砂陶所效仿的对象。

第二章 包装的文化与艺术

第一节 包装的功能

　　包装不仅仅是为生产的包装，在中国的历史进程中，包装更多的是为生活的包装，当然这也与生产力水平低下有关。从需求来看，一般阶层的生活不允许有过多的不实用成分，于是对生活要求的满足是首要的，而宫廷、官府更不需要具有商业意义的包装。中国古代社会，商业发展缓慢，商贸发展层次较低，其形成原因众多，表现在包装上就是它们更多的是为生活日用所左右，是为生活的包装。这样一种理念或许不容易说清楚，我们可以从传统包装与现代包装的对比中来体会。

　　包装的功能在于保护所包装的物品，这是它的中心作用，而被包装物的用途则让包装表现出相宜的倾向。物品被生产出来的目的是使用，所不同的是生产者是为自己生产还是为他人生产，如果是用于商业交换，那么它的包装就是为生产的包装；如果是生产者自己所用，或是赠予他人，那么它就是为生活的包装。这是两种包装理念，强调的侧重点不同。显然，为生产而包装的目的是在保护物品以及方便储运的基础上使其具有良好的促销功能，实现商品的获利最大化。当然，商家也会综合考虑商品所能引起的买者的非理性心理程度，而做出与价值不相符的包装行为。为生活而包装则表现出三种倾向：如果包装处于社会底层或者只是一种即时的保护，那么这种包装就会因陋就简，所具有的包装功能也只是基本满足最低层次的需求，如《水浒传》中屠夫用于包肉的荷叶可以说是这一倾向的极端例子；而社会上层，尤其是皇家所用包装，无论是取材还是工艺，大多都不惜成本，而唯以高贵、悦目为需求，以最好的工匠制造出最高水平的包装，成为另一个极端；上述两例作为两种极端情况是比较少见的，而数量最多的第三类处于两者之间，在满足包装的基本功能之后，还是要在选材和制作上稍费心思，求得某种平衡。

生活与包装和生产与包装两组概念的区别在于，生活中所需要的包装多用于家居生活中的包装，以保护性功能为主，较少对储运时的需要予以满足；而生产所需的包装则必须对储运功能予以充分考虑。

包装与生活、生产的关系，除了包装会应用于生产、生活以外，某一文明下的生活和某种商业状态下的生产也会给包装带来不同的影响。这一影响消解了为生产而包装和为生活而包装这两个范畴的区别，为生产所进行的包装设计，要实现销售目的就必须适应社会旨趣，而为生活所做的包装也要因服务对象而做相应设计。山东淄博以"福"字扁瓶盛酒，就是出于中国人对福的祈求，倒"福"字更是中国人一种特有的装饰行为，竹草编结的包装很大程度上是自用，但是如何独出心裁地设计出新式图案则是编结者苦心思考的直接动力。

可以说，即便不是从社会形态角度来考察，而是从目前中国传统包装的分类上来看，中国传统包装的相当大部分也是一种生活的包装。长期稳定的社会、平稳发展的生产让社会上的浓厚生活气息融入生产的包装中，曾经商业气息浓厚的商业包装，也因为历史的久隔而表现出传统文化的特色，其本身成为一种传统文化缩影。从这些古老的包装可以看出，古代商业社会发展相对于现代来说很不充分，商业气息不够浓厚。

不同的社会阶层划分大致决定了一件包装的性质，无论是生活中的包装，还是用于销售的包装。如果是自用，那么包装要符合自己的审美喜好；如果是馈赠，那么就要充分考虑对方的社会地位；如果是销售，那么选购者自然更要依据自己的状况购买合适的包装货品。油画是西式绘画的一个大类，画家在绘制之前要么买绷好画布的画框，要么自己动手绷好画布，否则无法进行绘画。而中国书画则不然，其绘制是在纸、绢等介质上，画完之后往往要进行装裱，未经装裱的画则被认为还没有完成，不适于馈赠。书画装裱不仅是对书画的进一步美化，也是一种出于保护目的的包装，因此，向来受到宫廷及民间书画家、收藏家的重视。据张彦远《历代名画记》所载，东晋、南朝时，书画装裱技艺就已经萌芽，而至唐宋时则已经十分成熟。根据书画幅度的大小、张幅的不同可装裱成条幅、画篇、手卷、册页等形式。书画装裱的工艺十分复杂，包括"托、剌、镶、扶、砑光、上杆"六道工序，有些甚至要十几道。在这一过程中，每一道工序都影响着包装最终呈现的品质。装裱所用衬物既可以是纺织品也可以是纸，而发达的纺织工艺和造纸工艺既可以生产出粗糙的麻纸，也可以制造出细软的绢纸，丝麻织物优劣相排所能列出的织物品种又何止几十！除了工序可以从基本的六道提升到数十道，每一道工序所包含的技术因素同样可以瞬间变甜柑为败絮，也可救危急于转眼。但是，一件工艺品之所以能成为高雅、优秀的艺术品，并不只取决于它所用的材料，还包含其艺术价值的高低。所以，即便所用材料是上乘之品，手艺也绝堪精致，但如果装裱者没有足够的文化艺术素养作依托，则随时有变大雅为庸俗、变凤凰为凡鸟的可能，达不到所追求的效果。

　　包装是要经过运输这一过程的，也就是说要从公共场合经过，而显露和夸耀又难免是人们的一种潜意识，所以馈赠的礼品包装往往夸大自身的影响力和价值，中国传统包装里不乏这样的例子。江苏的一种传统礼品——油炸面筋，就是以宽竹篾编成大网眼的鱼形扁篓作包装，网眼以不露出面筋为限，既能透风又能直接显露，以满足公示的心理，而篓内所衬大红方笺则以其色彩来吸引注意力。

　　日常所用的包装往往没有这么外露，而是更加朴实、简单且周到，体现出平淡、悠然、沉稳的生活态度。例如，各陶瓷产地以其本地特有的产品生产了大量日常包装，有的瓷油罐带有"五斤"字样，显然，这种罐子是商家从窑场专门订购的[1]，其简单直白的重量标识既方便买卖双方，也显示出商家童叟无欺而又坦诚守信的态度。再以旧时北京中药店为例，一般草药是用白片艳纸，垫上一份红色的小药方，上有药名、产地、药性、主治

---

[1]　孙建君. 中国民间美术教程[M]. 天津：天津人民出版社，2005：151.

及图样。每味药各包一小包，然后码起来，形成扣斗式梯形，外裹印有门票的大纸张，将折叠有致的药方附在上面，再把煎药用的小笊篱放在包下，以麻绳捆扎。门票上附有彩色纸片，上面一般印有店名、地址，如果所售货物有问题可凭此交涉，而且，这种门票往往成为一个店的视觉识别物，代表的是这个店的名称，起到宣传和招揽回头客的作用。传统包装还有一个特点，就是一件包装往往在完成包装的功能之后还可以移作他用，而不是只能被丢弃。宋孟元老在《东京梦华录》中记载了一种被称作"梅红匣儿"的包装，它既可以用来盛装"夏月麻腐鸡皮、麻饮细粉、素签砂糖、冰雪冷元子"[1]等，也可以盛裹端午节时所用的应时药物。

　　在现代以前的社会形态下所产生的包装，除一些奢侈包装外，大部分总是尽可能地取自于自然，如树、木、竹、草、叶，其他的选材也是尽可能廉价易得、减少靡费。这种与自然和谐的选择方式，用现代眼光来看，绝好地体现了"绿色""可降解""无污染"的概念要求，这是传统的现代意义。但是，如果考察传统的生产、生活后，可以发现这些遗存更多表现为一种不得已，今人未必一定穷奢极侈，古人未必一定节俭类鄙，不必过分拔高。纵然古代多有节制靡费的语论、勤俭持家的训导，但它们的实际指导作用究竟有多大我们不得而知，生活资料的匮乏才是最终决定的缘由，即便是节俭的言论也部分是基于长期低下的生产水平。现代包装中多采用不可降解的材料进行包装，对自然环境造成了污染，如化学产品，但是要看到，它们是商品却也是一种生活化的包装，可以说它们的生活性意义是更现实和切实的。现代科技的发展还没有达到与社会发展完全相协调的状态，它的成果是阶段性的、具有过程意义的，污染难以苛责，而人类又不可能退回到古代。所以我们应辩证地看待这个问题。

---

[1]　孟元老.东京梦华录译注[M].王莹，译注.北京：北京联合出版公司，2015：51.

第二节　包装的技术

技术与艺术不是截然分开的，它们之间的关系并不总是相辅相成的，有时甚至是相反相成的，技术能够成就艺术，而艺术也往往在圆熟之后走向了技术。随着技术的不断发展，所制作出来的器物也越来越向"精、巧、繁"的方向发展，但这精熟的技术带来了精致却不一定能带来雅致。"精"是指精致、细致，表现在器物的做工和装饰上所耗费的大量工时，所造器物精细至致，几乎没有任何瑕疵和缺憾；"巧"是指构思巧妙、工艺高超，无论是在造型还是在工艺上，只要能够想得出，就能做得到；"繁"则是工艺烦琐，装饰繁密，一件器物需要经历数十道，甚至上百道工序才能完成。在以实用——或致用性使用（指造出的器物符合器用要求）或艺术性实用（指造出的器物符合审美要求）为目的的传统包装工艺中，经过数千年的发展历程，人们在清朝时达到了对传统材质的成熟把握。

保护功能是包装的首要功能，无论是在运输过程中还是在销售阶段，以及在售出后至被消耗完之前，保证所包装对象不变质、不过度损耗也是对包装的基本要求。围绕这一功能，坚实致密的陶瓷被用于酒包装，柔软而细腻的纸绢则用于包装精致的物品，结实而廉价的绳索从来都在组合外包装中发挥着无可替代的作用……保护这种功能对包装的技术要求是全方位的，除此之外，包装本身也自成一体，每一类都具有自己的包装技术。如有的系扎包装方法，是利用被包装对象自身的重力使得包装能够越来越结实，而现代纸盒包装则是将平面的纸板裁切成某种平面形状后，采用一定的折叠方式，使其不仅主体美观且具有良好的物理功能。包装装饰也因为传统工艺技术的发达，而发展出特定的制作技术，成为包装技术的构成要素之一。

物质的先决性、实体性让材料这一因素成为包装的中心，材料成为一切包装行为的基础。传统包装中的材料虽不如现代包装中的多样，但是丰富的历史让所有可能被用到的材料都成为包装的选择对象。无论是自然界中的竹、木、藤、草、叶，还是经人工而创造出来的金属、陶瓷、玻璃、丝织物以及最为著名的四大发明之一——纸，这些材料根据被包装对象的个性特点和实际的包装要求进行选择和制作，能够各自发挥出自身的特点和优势，从而具有良好的保护功能。

烧制陶瓷是人类最早掌握的一种造物技术，将取材广泛的黏土制成一定形制后，经数百度直至上千度的高温烧烤，使得黏土里的硅酸盐化合物发生玻化反应，形成坚致的结合物，进而使松软的黏土化为坚硬而成型的陶瓷。如果是瓷，则在取材上更为严格一些，所采用的黏土需要含有一定数量的特定化合物，还需要在外表挂上一层釉，然后经过1300摄氏度左右的高温，烧成比较成熟的瓷制品。这样的瓷制品相对于陶来说，由于不透水、气，耐用性更优良，具有更大的适用范围。而多样的瓷所具有的审美优势得到了更多人的青睐，由此让人们对瓷包装的偏爱超越了实用的要求。

陶瓷坚硬且脆的特性使其一旦成形就再也不能发生变化，这让陶瓷包装在形制上表现甚优。这时的外形除了实现保护功能外，更要极力表现出对美的追求。即使抛开非包装陶瓷，或奇丽或优雅的陶瓷包装器物同样能让人赏玩不已。除了在形制上下功夫外，"表面功夫"也从未被忽视，如红陶因本身含有黏土的缘故而形成红色；白陶由大汶口文化中晚期的高岭土制造而成，故颜色洁白；马家浜文化的黑衣陶壶则是在器表施化妆土；而龙山文化的黑陶采用高速转轮以保证器壁较薄，在烧制过程中使碳融合于陶土中而呈如漆之色。如果说直接的涂画还显简单，那么施釉这一工艺自商代出现后，经历数千年的实践，在清代发展为一门极为发达、成熟的工艺，工艺精巧的清代包装已不由让人怀念起远古时代器物的简朴。雅致的秘色瓷所泛出的是"九秋风露越窑开，夺得千峰翠色来"的特质，建窑的兔毫釉则让饮茶、品茶的文人士大夫为之痴狂，哥窑创烧出的开片让瓷器的外表从此开创了一个崭新的表现方式，青花的广泛和普遍似乎已让人忘却了这一工艺的伟大之处。

玉的特点是晶莹剔透，人们所追求的也是对它这一特点的运用和发挥，所以在制作过程中本身就具有对其美化的筹划。追求如何在制作过程中既能实现器物包装这一形制要求，同时又能以某一技术实现玉材浑然天成的材质美。一般来说，玉的制作技术过程包含以下几个方面：首先要相玉，以发现玉的材质潜力，然后根据所构思的形象，在玉料上用笔墨线条，把它形象地刻画出来。玉器制作被称为"琢磨"，这是因为玉石异常坚硬，整块切割在器物制作过程中是不可能的。于是，必须用铁制圆盘——铊为工具，以水和金刚砂为介质，经过铡、錾、冲、压、勾、顺等工艺，一点一滴琢磨而成。基本成形之后，还要经过碾磨这一过程，也叫"光亮""抛光"。用紫胶、木、葫芦、牛皮及铜制的铊子，将玉件琢磨的粗糙部位碾磨平整，并通过应用氧化铬等一些化学粉剂原料作介质，使玉件显露出玉材光洁、温润和晶莹的本质。还有一种琢玉古法"双钩碾法"，据记载，此法是汉代琢玉的一种著名技法，其所刻线纹细如游丝，婉转流畅，没有一点滞迹，从出土的汉代精美玉器来看，古文献上的这些说法极有可能是可靠的。

　　玉材的珍贵性决定了其工艺的精雕细琢，于是也就不可能发展出与其他材料相类似的复杂工艺。相对单纯的工艺只能制作出较少的器型，从而影响了玉器的应用范围，所以宋代以前的玉器皿非常少见（据推测这也与古人的食玉之风紧密相关）。而到了明代，玉器皿才大量制作。但尽管如此，人们对玉的喜爱仍使其成为高贵包装的代表之一。对于有瑕疵的玉，中国人发明了化腐朽为神奇的"巧作"工艺。从正向思考来说，便是将瑕疵除掉；但是玉是非常珍贵的，无瑕疵、少瑕疵的实在太少，因此将瑕疵利用起来，使之具有特殊的效果，这种逆向的处理方式便是"巧作"的思想。具体来说，就是发挥玉工的艺术想象和联想，因地制宜地将疵点或玉皮进行有保留的改造。这种构思不但被应用到玉器制作中，也被用于大理石的处理，将大理石在成岩中形成的深浅色予以处理，使之形成一种水墨画的效果。另外一种发挥材质特色进行包装装潢的办法就是内画。内画可用于各种透明材质的材料，但是以鼻烟壶应用最多。最早用于内画鼻烟壶的是透明的玻璃，后来透明度较好的水晶等也被用于内画。在将材料掏好内膛后，将金刚砂、小铁球和水混在壶内摇晃，进行磨砂处理，使内壁达到细而不滑的程度，以便染料能够附着在内壁上。然后就可以利用斜弯的小毛笔蘸颜料在内壁作画、书写了。

　　在世界四大文明古国中，受地理环境因素影响，中国人对木材情有独钟，进而发展出独特的木工艺。榫卯结合的方式可以让整个建筑物完全以木材构成，斗拱的巧妙分力使建筑的墙面成为虚设，但是木材易腐、难存，大多数辉煌的古代文明遗迹只能通过文字和图片记录下来，可谓凡有所长，必有其短。中国的江南地区，由于高大粗壮的竹分布广泛，所以，竹包装在南方有着不逊于木材的工艺。

竹木雕是应用得最多的工艺。明清时期，竹木雕工艺与其他传统工艺一起走向成熟，产生了大量的工艺精品。对于木包装来说，掏挖是其中一个工序，参与了包装制作的过程；但对于竹包装来说，更多的则是一种美化的装潢工艺。留青竹刻是一种平雕方式，它在竹子表面一层青皮上雕刻图案，把图案之外的青皮铲去，露出竹肌；竹节雕则是在器物制作成形后，在器表作深浮雕和镂空雕；竹黄是在木器表面贴以竹子的浅黄色内皮，然后进行刻画，形成浮雕效果，这样的竹黄包装常见于各种款式的小盒子；立体浮雕以圆雕和透雕为主，但其工艺复杂程度非常之高，费时弥久，这种包装以木雕瓶、罐常见；木镶嵌工艺往往要与其他如螺钿、金银、瓷、玉石、珍珠、珊瑚等色泽多样的材料相结合，进行外观美化。

以上所说的更多的是一种装饰方式，作为一种包装来说，竹编器具、竹木材的器物才是竹木包装的主流。南方的竹子可以劈成片条而编结成篮、筐、篓等用于包装，而北方的柳枝条和许多富有韧性的灌木也可以编结出各种花色、式样的器物。尤其是柳条，用它编制而成的器物种类丝毫不弱于竹子，编结的各种可爱的小包装被广泛用于生活和商品促销，一度成为出口的大宗。但制作大型的包装，特别是要保证封闭性的包装，木材所具有的优势却是竹子难以实现的，小自盒匣，大至箱柜，都是木材展现其特质的用武之地。而种类繁多、材质各异、价值高低的各类木材让木包装既可以成为家常的用品、粗陋的简单包裹，又能成为尊贵不凡的皇家奢侈品。松软的材质可钉可铆、可锯可削，充分提供了技艺发挥的余地。明式家具以其"精""巧""简""雅"而著称于古今，不但它们的结构设计值得学习和借鉴，其所蕴含的那种中国传统人文思想和设计理念更是现代设计所应注重、吸取的。

牙角包装由于其原料的原因也不可能大量成为包装。象牙的珍贵色泽和较软质地使得象牙包装过程中会极尽雕刻装饰之能事，例如染色而增装潢之美；而犀角受其色泽和硬度的限制，常常巧用颜色和形制制作的制造方式。软化处理牙角的技术是值得学习的，如远古时期甲骨文制作中的软化技术，实验考古学家虽然进行了试验基本得出软化思路，但是仍达不到古代的那种技术高度。

匏器始于明末，它是在葫芦结出幼果后，用各种刻有花纹的模具将幼果包裹起来，待幼果长大之后就会因充塞而根据模具的形状和纹样塑成自身造型。葫芦成熟后再将模具取掉，经裁割、掏挖、装饰修整成为一种特殊的器物。这种工艺是中国的独创，曾令西方生物学家迷惑不解，认为这是不符合植物生长原理的，针对葫芦的生长特性而发明的，其他材质显然无法实现。

青铜是红铜加入锡或铅的合金，因颜色青灰而得名。点高，为1083摄氏度。青铜铸造性好，耐磨且化学性质稳定。在现代青铜器物的制造已经是轻而易举，但是商周时的青铜器物，其造型、纹饰、设计思想却是今人学习的典范。青铜器物在敬神的商代、重礼的西周、思路活跃的春秋战国时期有着广泛的应用，器物种类之繁多、形制之惊人在中国古代工艺品类中首屈一指。以后各代都少有这三个时期的鼎盛，社会对工艺的重大影响由此可见一斑。

珐琅又被称作"佛郎""拂郎""发蓝"等，珐琅器工艺是珐琅工艺和金属工艺结合的复合式工艺，可分为掐丝珐琅、錾胎珐琅、透明珐琅和画珐琅等。我国珐琅器工艺的历史较陶瓷、青铜、玉器、漆器、织绣、玻璃等工艺要晚得多。珐琅器物众多，用于包装的也非常多，其成熟的美化技术使得珐琅材质的特色发挥到了相当高的程度，但是在造型上却只是模仿前代其他经典器物，未能形成典范，这也算是一点美中不足。

锡质因其柔软且易于浇铸和压模成型，故锡匠有"蜡匠"之说。工艺流程有熔解、压片、裁料、造型、刮光、焊接、装饰、打磨、雕刻等，甚至还可用锡包瓷、锡包玻璃、锡包铜等。锡箔的制作工艺比较复杂，且都是手工活儿。先把锡块放在坩埚里烊化成"锡水"，再注入夹层的模型中，铸成一条条长三寸、阔一寸的"叠箔"，这道工序叫"浇箔"。然后分别由上间司和下间司进行锻打，一直打到不能再打为止。一块锡铸件一般能打三千二百张锡箔纸，叫"一脚"。经过扑"擂粉"再由箔工头（俗称枪头）裁成不同样式的"页子"。接下来的工序是"褙纸"，就是将锡箔贴到大小相当的"鹿鸣纸"上，再经过"砑纸"将褙好的锡箔更牢固地和纸粘在一起。砑好的锡箔纸便可以用来糊制元宝似的纸锭，这样锡箔的整个制作工序基本完成。

第三节 包装的艺术

包装，从字面直观地看，这一名词是由"包"和"装"两个动词组成的。"包装"，就是在某物品表面进行"包"这一行为，或将物品"装"在一种容器里面。概括地说，即包而装之。显然，这是包装最基本的功能和作用，具备了这样的功能特点，才能称其为包装。包装的艺术是将包装从对功能的机械满足中脱离出来，但它并不只是进行表面的美化，它更应是一项设计，如何更好地实现包装功能。在中国传统包装艺术中，它的艺术性因素是要多于设计性因素的，这是由生产发展水平所决定的，这也是传统包装发展初始状态的一个表现。

中国传统包装在艺术上的成就大于在设计上的成就，对于这一现象应该将它放在所处的历史背景中去认识。首先，相对于针对功能进行的抽象设计来说，进行表面的装饰、造型的设计要容易得多，这是装饰兴盛的基础。而且爱美之心人皆有之，在原始物品的遗留中，常常可以见到原始人对美的朴素追求。在包装这一实用器具中，对于审美的诉求也不鲜见。取自自然的柔韧枝条被修整、浸泡后去皮，露出光洁的干条，而用其所编织的筐、篮也要进行挑选，织结出花纹。诚然，编结的原理本身就会使所编出的图样表现出几何纹样的特点，但是从众多花样的设计可以看出这并非是纯粹的机理必然。这些包装行为对功能的某种降低、对原料的过费以及编结工艺的复杂程度，都表明这些编结已经不是纯粹的编结技术，而是艺术化了的包装行为。其次，表面的装饰、图案的设计有很多可以发挥和创造的空间，这为装饰的繁荣提供了可能。考察原始艺术可以看到，原始的纹样都是有着它们真实具象的原型的，如鱼、牛、虎、熊、象、鹿、蛇等，但后来出现了虚幻的动物形象，如组合后形成的饕餮、龙，再后来则呈现图案化的倾向，蛇纹向蟠虺发展，蟠虺的规律性分布进一步将形象向抽象转化，细部逐渐消失，取而代之的是以线条化处理后的形象。在这之后，东周所开始的宽松社会将轻松题材的形象、图案引入装饰领域中，于是进入了一个新的形象创造过程。应该说，在每个不同的时期里，具象和抽象这两者的转化、演变组成了每一段发展历程，尔后留下一部分成熟范式，成为后世利用、参考的对象，然后在新的时期里又会引入新的形象，如此更迭，永远都有创新的空间。在造型上也是如此。瓶这一造型很早就出现了，但同样是瓶，因造型、装饰、应用的不同，便发展出玉壶春瓶、梅瓶、扁腹瓶、直颈瓶、瓜棱瓶、多管瓶、橄榄瓶、胆式瓶、葫芦瓶、龙虎瓶、净瓶等多种类别。再者，包装技术水平满足不了包装要求也是包装在设计上不能获得大发展的重要原因。最明显的一个例子就是保存食物。熏制、腌制都是较早出现的保质处理方式，但这只能短时间保质，便利性也很低。以罐头加热杀菌后进行食品密封保质包装的成熟技术不过始于 19 世纪。其实早在公元 6 世纪时的北魏，贾思勰的《齐民要术》中就记述了食品罐藏的方法，书里写道："一层鱼、一层饭，手按令紧实，荷叶闭口。泥封勿令漏气。"[1] 这基本就是罐头的包装原理，但到发展出成熟的罐装技术还是经历了 1300 年的历史。中国引以为豪的陶瓷酒具具有不透水汽、耐酸碱的保质特点，但是，注酒的器口却难以封闭。中国缺少软木，于是采用加陶瓷盖后再密封，并且尽量把口做小的办法，如梅瓶。冷藏法也出现得很早，但长期以来不过是将冬天的冰雪窖藏，极少数是从雪山上直接运送，直到冰箱出现后才算结束长达数千年的冰窖历史。所以，可以很明显地看到，需求之超前于设计动辄可能达上千年，设计实现的过程却不是轻易就能达到的。长期以来，传统包装在功能设计上的发展也只是在因陋就简基础上作进一步的设计，更多的精力还是放在了视觉形式的塑造上。

同样是视觉美化，目的也是不同的，或者是纯粹的装饰，或者只是点缀，又或者可能是具有促进销售意义的设计。但是也要注意，促销不只是美化，装饰不是最终目的。装饰是对美的强调，包装是对功能的强调，促销功能是一种视觉传达的需要，给人以美的享受还只是整体的考量，如何实现促销这一目的才是包装作为一种商业行为的出发点。在传统图案中，常见的教化、宣扬道德伦理确有它的社会需求基础，但是严格来说，许多此类图案是与产品无关的，所以也是一种纯粹的装饰，在酒罐上绘以饮酒人这种浅层次的促进销售功能的设计还是很少。当然，包装的促销功能决定了首先必须强调它的美化作用，不

---

[1] 贾思勰. 齐民要术[M]. 石声汉，译注. 石定枎，谭光万，补注. 北京：中华书局，2015：311.

能让人一见生厌，因此包装中装饰的意义也是不可抹杀的，只不过它意义的层次不足。

图案因素是细节性因素，往往需要品味端详才能领会到其中的玄机，而色彩因素要发生作用则是瞬间的。一件包装的色彩能给人以什么样的感受，并不需要过多的体味，只需要一瞥即可。据现代科学实验表明，在百分之一秒内，人的大脑就能完成美丑的判断。因此，色彩对包装的意义是显而易见的，一件成熟的包装在色彩应用、搭配上也必须是成功的。在色彩的应用上，中国传统包装艺术做得很成功，这一方面是艺术家、工匠们的成功探索；另一方面，中国儒家文化从礼的角度出发，以伦理的解释进行色彩规定，从表面上来看，或许他们的解释比较牵强。但是应该认识到，在中国古代社会里，儒家知识分子所代表的是当时智力的最高层次，他们的选择基本可以说是代表了当时的最高水平；而且一般来说，文化素养提高后其艺术水平也会随之提高，文化积淀在儒家知识分子身上的表现是经历历史考察后的选择，所以从这一意义上来说，儒家的选择就是历史的选择。对于色彩基调，中国传统是尽量避免纯色的，而是尽可能用灰色调。草原民族始昧于旷野，色彩单调，对纯色和繁缛有着特殊的爱好，所以在草原民族所创建的朝代中，宫廷的喜好偏向于纯色、重色。当然，为宣扬皇权、威势，体现皇恩浩荡、恩威并举，皇家多采用这种色彩选择，只是草原民族要更明显一些。与草原民族对重色彩的态度一样，为平衡生活环境中的单调色彩，民间艺术的色彩也追求纯色、重色、色彩绚烂。与上面的几个方面相对，中国文人这一特殊阶层游离于民间和官方之间，不属于任何一方，但又可能随时成为任何一个划分的一部分。文人自宋以来，倡导的是清淡、疏远、平静的审美标准，所以他们自成一个色彩倾向，与纯重色相对、互相制衡。

常见的人物类图案有婴戏、仕女、罗汉、老人、八仙、五老观画、太白醉酒、八仙庆寿、天女散花、庭院人物、望江兴叹、刀马人物、羲之爱鹅、天仙送子、麒麟送子、十八学士、周处斩蛟、十八罗汉、饮中八仙、八仙庆寿、《西厢记》故事、《三国》故事、《水浒》故事、竹林七贤等；动物类图案有龙、云龙、鱼龙、夔龙、海水龙、二龙戏珠、龙凤呈祥、云凤、丹凤朝阳、凤穿牡丹、狮、虎、豹、云鹤、团鹤、松鼠、松鹿、海兽、独角兽、麒麟、獬豸、天马、天禄、辟邪、蟠螭、玉兔等；山水图景类有竹雀、雉鸡牡丹、山石竹雀、勾云雉鸡、凤凰梧桐、洞石花鸟、寒江独钓、山水庭园、耕织、御沟拾叶、秋叶怪石、一琴一鹤等；文字类有寿字、梵文、《赤壁赋》、《兰亭序》、《滕王阁序》《圣主得贤臣颂》等；构成开光、云肩的植物题材纹饰有玉兰、秋叶、蕉叶、梅花、枣花、芭蕉、牡丹、莲花、莲瓣、缠枝花卉、折枝花卉、缠枝莲花、荷塘莲花、博古花卉、假山花卉、山石牡丹、四季花、冰梅、四君子、月影梅、岁寒三友等。开光方式主要有方形、圆形、菱形、桃形、斜方形、梅花形、海棠形、苹果形、卷书、扇面，开光内绘主题题材，外绘辅助纹饰，内外映衬，互相呼应。

对于色彩一般区分为两种，即主观意识下的情感色彩和潜意识下的客观情感色彩。主观意识下的情感色彩是由人的主观意识而产生的对色彩的情感，不同的年龄、民族、教育、环境、信仰、成长经历都将决定他们对色彩的好恶评价。这种情感是先给性的，它深入个人的意识中，是一种社会性的色彩认定。如白色在中国是丧葬用色，而红色、黄色、紫色这些颜色则是贵色，尤其是黄色，在许多朝代都是民间禁用色彩，一旦用了就可能有生命危险。清朝赏赐一件黄马褂是无上的恩典，但如未被允许而擅自穿了则是大逆不道，不单是明黄，浅黄、玄黄这些色彩也都一样。潜意识下的客观情感色彩是人对视觉色彩的普遍认识，即看到某种色彩的人，无论是谁都会产生相同或相似的感受。其主要包括：色彩的冷暖，主要由色相决定的心理感受；色彩的轻重，主要由明度决定的心理感受；色彩的软硬，主要由纯度决定的心理感受；色彩的强弱，由色相与明度决定的心理感受；色彩的明快与忧郁，由明度和纯度决定的心理感受；色彩的兴奋与沉静，由色相、明度、纯度决定的心理感受。

为传达商品特有的属性和价值，还应考虑依靠产品本身的固有色，使消费者通过颜色直接识别包装内的产品属性。运用既能传达商品性质又能引起好感的色调，从而引发抽象概念的联想，使包装表达出商品的内涵。包装材料与被包装物相谐，以包装去增益包装物，有两种情况：一是以包装材料增益包装物，这又分为以材料的珍贵程度来显示和以材质本身所拥有的某种特质引人联想两种情况；二是以精巧的工艺增益包装物，这也大致有轻灵、活泼的明快风格和富丽堂皇、浑厚的皇家气息两种基本表现方式。王昌龄在《芙蓉楼送辛渐》一诗中，"洛阳亲友如相问，一片冰心在玉壶"，以玉材质之美同比其内心的澄洁；"葡萄美酒夜光杯"，葡萄酒之美显然要用夜光杯相映才能更显美酒的诱人色泽，赋予战士以别样的陶醉。

第四节　包装的文化

包装的文化包括两方面的意义：一是文化对包装的影响，这是一个由外而内的过程。它包括民俗文化、民族文化和传统的一些文化因素等对包装从选材到造型以及包装的装饰、包装的组合方式等方面的影响。二是在包装中所体现出来的文化特色，以及在包装的形成、发展过程中，因其本身的特质因素所产生出来的某些范式、形态，它们成为传统文化的一个组成部分。这是一个由内而外的过程。这些包装里包含着许多传统视觉符号，循着这些符号可以追溯它们的归属是哪里、具有什么样的文化特色，以及它的那些表现又是一种什么样的内涵体现。一种传统文化气息、乡土气息、民族认同感，就能因一件包装诱发出来，这就是包装文化。文化对包装的意义要远大于包装对文化的作用。在传统包装文化的发展中明显表现出两种特性，一个是扩张性，另一个就是稳固性。

扩张性是指一种艺术的创作思路、表现方式一旦成熟之后，就会很快将它的表现范围从原来的领域扩张到其他的领域；稳固性是指外来影响难以进入已有领域，即便是新领域也会以传统样式为首选。这两种特性是互为促进的，扩张性为稳固性扩大了影响的范围，稳固性则为扩张性提供了扩张的内容。视觉因素是效果最强烈也是最活跃的，它在这两点上的表现最为明显。如器物装饰技法，青花在表现上与水墨有着类似之处，于是，青花在山水人物画面表现上就采用了水墨的技法，并追求水墨的效果、应用水墨画的品评标准。在装饰题材上，古代贤人、神仙故事成型之后，从单件制作到批量生产、从宫廷贡品到民间日用器，其内容是一样的，所不同的大概也只是制作精致度。内画鼻烟壶是以透明材质的玻璃、晶石等为原料，利用其透明的特点以显现内部的绘画。虽然与普通绘画的方式稍有不同，但对于此类鼻烟壶价值的判断除了根据材质本身外，更多的则取决于与一般书画鉴赏的标准相近的意境、笔法、用色、款式等。而稳固性的特性使一种形式一旦成熟之后，它就会顽固地固守着，后来的因素便较难进入这块已被占据的领地。比如一个新的艺术表现领域出现后，这种固有形式马上就会填充进来，形成一种先入为主的态势，如果其他艺术形式再要进入这个领域，那么就会受到阻碍。以鼻烟壶为例，鼻烟壶本是从欧洲传入，其最初的形式是鼻烟盒，但是在中国发展出了鼻烟壶这种非常具有中国文化艺术特色的艺术样式。虽然用来制作鼻烟壶的原料不同，但是无论是陶瓷、宝石等这些中国传统的材料，还是玻璃、珐琅这些颇具外来影响的材料，无一例外，都沿用了中国已有的传统样式。在对鼻烟壶进行装饰美化时，以往所有其他器物上的装饰形式、技法一下移植到了鼻烟壶这一新领域上。这种文化侵入、占据的强势态势非常明显，可以说只要是中国产的物品，不管是什么品类，它们总是表现出一种趋同性。

这两种性质所产生的最重要的影响在于构建一种无处不在的整体氛围。凡是生活在这个社会上的人，必然时时刻刻受到这种文化的熏陶和潜移默化的影响。在上升时期，这样的性质使传统文化因素能得到良好的生长环境；在成熟期后，这种性质则使传统文化走向了没落，只有其形而少有其质。

针对具体包装实物来说，无论是多么奢侈抑或简陋的包装，只要看到它的形象，都能发现这件包装所难以摆脱的"传统味"。这是因为传统的文化艺术已经形成独特的审美范式，这些曾经是因为某种特定目的的制作规矩或许已经失去了本来的诉求，但是这一形式却保存下来，时间的变迁让这一范式成为程式。只要沿袭这些已有的样式就不会出错，正如中国绘画中只要照着已有的方式画出每一笔，就可以画出一幅不错的作品一样。只要用熟练的技术照着画，就能诞生出一件令人满意的产品。在这里，艺术已经变成了技术，对艺术的创新也就是对技术的掌握的娴熟程度。反过来说，技术也保证了传统艺术的完美体现，只要循着经验而来，那么所制作出来的产品也就能无处不具备传统的象征符号，就会出现从任何一个细节都能发现传统程式处理的现象。所以，看得越仔细就越会觉得传统味道十足。一件紫檀小提箱，它的几个包装小单元的组合方式是常见的，它的整体线条是已有的，它的色泽也散发着"文物"的气息。抽屉的铜把手不同于现在的电镀，把手跟合页间的铜圈穿过盒壁钯结在内部，固定把手的合页四周有一圈菊花瓣样的小饰件，从而从外观给人留下一个洗练、简洁的形象。

中国传统包装文化研究必须认识到中国传统社会是一个农业社会，它稳定、祥和，跟自然有着紧密的接触，对土地有着深厚的感情；在这种稳定的农业社会形态下，其另外一面就是充满了不测。严酷的统治压迫着劳动者，神秘的自然逼人靠天吃饭，而自身的力量跟它们相比起来是那么的弱小。三个因素都不朝向自己，因此，反抗只是最不得已的解决办法，更多情况下还是要选择继续忍受。自求多福，企盼遇难呈祥，对生活和未来的期待、憧憬就显得更加迫切和必不可少。在塑造生活语境时，人们总是将有着吉祥寓意的内容融入其中，这样的生存状况不变，所流露出来的审美倾向也就不会变。有吉祥如意寓意的，如蝙蝠与寿桃代表"福寿呈祥"，牡丹代表"雍容华贵"，荷花代表"清明廉洁"，月亮和花朵寓意"花好月圆"，多籽的石榴企盼"多子多福"，喜鹊蜡梅则是"喜上眉梢"，龙、凤、喜鹊、麒麟、辟邪、狮子这些瑞兽祥鸟的形象也从来不会少。通过这些劳动者内心的表达，可以切身地体会到他们内心那种浓厚的善的本性，这种本性是一种虔诚，一种最真切的宗教式情感。从为维护一定的社会秩序、维系稳定的生活状态的角度来说，这些具有影响力的故事包括：具有"成教化、助人伦"意义的有儒家孔孟及七十二贤人、各朝各代的大儒，对女性进行教化的贞女节妇故事；从政治方面进行宣扬、导引的君臣故事、将相传说；具有宗教意义的故事、视觉装饰形式。注重宣传佛教对装饰艺术的繁盛起到了相当大的作用。随着统治者的大力倡导，自从佛教传入后，经变性质的佛家故事也成为装饰题材的一个方面。它的表现有两种倾向，一种是神性化，浓重地保持佛教传说特征，如藏传佛教就是这样；另一种是世俗化，这在汉族地区最为明显，观音形象的女性化就是这种变化的最明显体现。

中国人偏爱几何形，无论是视觉形式还是设计理念，均与几何有关。伊斯兰教习用几何图案，众所周知，这是由于其教义排斥偶像崇拜，所以具有象征意义的植物纹样逐渐发展成了几何式纹样。而流行于中国的道、佛两教都是属于"偶像"崇拜型的，儒家意识形态的宣教也极其注重偶像，如孔子形象自幼儿始学时就要参拜。中国的几何化倾向应该说较少可能有像伊斯兰教习用几何图案那样的原因，即便是最初有这个因素，但是社会的发展也让几何纹样成为只是视觉形式的一种，它们与具象形象共同实现视觉形象塑造。对于这些几何形式的原始出处，应该是多方面的。大致来说，有两个方面的源头：一个是从中国古代生产、生活影响下发展出来的。陶瓷、青铜上常见的具象转变成抽象，通过粟纹、弦纹、编织纹样这些大致可以看出它们的原型。另一个是由抽象的理念所导引出来的。古人"仰采于天，俯察于地"形成了对天文的认识和对历法的总结以及原始数学的发展，这些总结于真实后形成的思想转而对形象的塑造产生了影响。比如在一幅汉代《伏羲女娲图》上，相缠相拥的二人手上分别持有规和矩，这应该是原始数学发展下的形象；中国古代绘画在表现星辰时，数颗星往往是以线相连构成了几何图形，这是古人对天文的理解；"河图""洛书"的数字组合以及八卦以线的相连、分割的组合来表达玄奥的哲理预言，这是古代哲学思想的产物。这一来源的具体形象表现可能不多，但是在此影响下的设计理念是要远超于第一个来源的。这种抽象形式下的完整性、对称性、协调相合本身具有一种节律美，但这又远远不足以形成民族性、传统性，其具有传统意义在于与传统的形象相结合。在附加上这一外衣之后，本土性才能展现出来，数字上讲究对偶成双的"囍"字、四季花、双鱼、暗八仙即是这样一种展现。线、面图案是如此，对于形体的组合来说，则是为数字赋予特殊意义，以非物质的形式进行"外包装"，从而实现对设计理念的表达。偶数的二、六、八、十，奇数的一、三、五、九都是吉祥寓意的数字，如同十二生肖为时辰赋以动物，在划酒拳的酒令里分别为这些数字添上了或动物形象或古人佚事的内容。

第三章　编织类包装

第一节　编织与包装

编织品是我国民间广泛流行的一种手工艺品，它是利用各地所产的草、竹、藤、棕、柳、苇为原料，就地取材，编制而成的丰富多样的实用工艺品。

编织工艺在我国有着久远的历史，从新石器时代出土的器物表面便曾发现有编织的清晰印痕。陕西西安半坡遗址出土的各类编织品多达 100 多种，其织法种类多样，造型美观、大方，坚固实用，粗中有细、净中有色，已经体现出我国传统编织品的基本样式。浙江余姚河姆渡新石器时期遗址出土了距今约有 7000 年之久的苇席残片。在河姆渡遗址第三和第四文化层中，这种苇席残片总数达上百件之多，其中最大的可达 1 平方米以上。这种苇席系以当地湖沼中普遍生长的芦苇为原料，截取苇秆，剖成细薄片编制而成。就编制工艺来看，当时已采用二经二纬的斜纹编制法，粗细均匀、纹理清晰，其编制技巧绝不亚于现代工艺。

从编织品的材质来看，主要有竹编、草编、藤编、柳编、棕编和葵编六大类。虽然使用的材料不同，但在技术手段上却是相通的，均以交叠、穿插之法制作花纹，完成整体器型的构造。下面介绍几种基本的编织方法，虽然不能代表全部，但具有普遍性，是较为基础的编织方法。

人字纹编织：以细竹篾编织而成，经条与纬条宽窄、厚度基本相同。编织方法是用两条或数条篾片交错叠压，依次推移延展。相邻的结点呈现倾斜的对角线形态。

八角形空花编织：由宽窄、薄厚相同的经条和纬条交互穿压成正方形的空花，再从空花的四角以倾斜角度组成八角形空花图案。

长方形纹编织：由数根长条平行排列组成经条，宽度约一厘米；在经条上分三至七道纬条，用细篾上下相互穿插，制成长方形空花纹样。

六角形空花编织：这是以宽窄薄厚相同的经条、纬条斜向相交，构成菱形的空花，再从菱形的上下两角横穿一至三根纬条，编织成六角形的空花图案。

盘缠编织：以十几根或几十根粗竹片为骨杆，相互叠压排列成圆形，再将细篾上下缠绕于粗竹片，编织成同心圆状的容器底、器壁与盖。此外，器身与盖的口沿部分还用细篾片或藤条加固。

矩形纹编织：此种编结方法可见于湖北江陵望山古墓出土的竹笥盖。竹笥篾片薄而窄，并在外层涂有红、黑色漆。其编结方法是以涂红漆的篾片为经条，再以涂黑漆的篾片传过经条，压住一至三条篾片，反复操作，编织成矩形图案。同时，还要在矩形的纹样里编织连续的小十字形花纹。

除了以上常见的几种纹样外，尚有"万不断""梅花眼""绞丝纹""万字纹"等多种形制；并且，在编织过程中这些技法还会交替使用，呈现出更加繁复、绚丽的花纹图样。

人们喜爱使用编织类容器作为包装材料，其原因大致有四点：一是轻便。编织器物多以纤细的枝条、篾片编结制成，再加上镂空状的花纹，使材质变得极为轻薄。这种轻薄且具有柔韧性的材料非常适合于长途运输或随身携带，例如宋时便有用竹编包装运输贡茶的记载。二是透气性好。中间镂空的花纹使容器具有极佳的通风性，尤其适用于盛装易变质、腐败的物品，如包装食物、茶叶等。旧时民间曾广泛使用竹编食盒盛装食物，以便外出携带。民国时江苏省苏州市的一款红旗竹编大圆提篮，以细竹篾斜纹编制，边缘用粗篾编结；三层叠放，附提梁，立柱上浮雕花卉、蝙蝠等吉祥纹样，并以铜片为饰，其间墨书文字，两侧分别为"郑月房置""丁卯年制"。大圆提篮整体造型简单古朴，极富装饰性。三是适体。这是因为编织器物可以通过不同技法呈现出的形状各异，例如，故宫博物院所藏的藤编彩漆蝙蝠花卉纹皇帝冬朝冠盒，便是较为典型的一例。帽盒为圆锥阶梯形，盖钮平齐呈柱状。此盒先用竹篾构结骨架，然后再用细藤皮攀缘编织，并按照藤丝编织纹理，呈现出类似官帽的形状，使帽与盒贴合紧密，有效地避免了在携带过程中因震动造成的碰损或划伤。四是取材方便，且制作技法相对简单。竹、藤、草等材料本身并不昂贵，且原料充足，较易获得；而且在编织技法上也并不十分复杂，只要掌握了基本的经、纬交结方法，便能做出所需的容器；但是，要想取得更为绚烂精美的工艺效果，仍需要掌握更多的编织技法。

此外，在编织过程中还须注意的是制品的功能性和包装自身结构的合理性，要做到既有利于保护物品，又方便运输、存放和装卸；同时，还要具有相应的强度和韧度，可以承受来自盛载物的压力。

第二节　竹器包装

竹器包装中编和雕两种技法最为常见，且应用更广的仍为竹编。它是以竹为原料，加工篾条，再经过切丝、刮纹、打光和劈细等工序，编织成各种形态的容器，起到贮存、运输的功用。

早在新石器时代，先民就懂得利用竹子来制作各种生活、生产用具。在半坡和庙底沟的陶器上，都发现过印有编织物的印痕。例如，在一些陶器底部上，曾发现有印痕清晰的"十"字及"人"字形编织纹，有的陶钵底部还粘着竹篾席的残片。在新石器时期的良渚文化遗物中，已经出现大量竹编器具。1958 年，浙江吴兴县钱山漾村新石器时期遗址出土了 200 多件竹编器物，其中大部分竹篾都经过刮磨加工，外表光滑细致。这些竹器中，有捕鱼用的"倒稍"，有用于坐、卧等的竹席，还有篓、篮、箩、箅、箕等，容器下部多用扁篾，沿口多缠细密的竹丝。从技法上看，大都经过抛光处理，有人字纹、梅花眼、菱形格、十字纹等多种样式；并且已经注意到使用上的功能性，容器的外形用扁竹条，边缘部分则使用"辫子口"。从这些细节上的处理可以推知，当时的竹编器具已比较普遍地用于生活和生产。江西贵溪龙虎山发现的古越族悬棺葬的崖洞中，也发现有竹编器皿。

春秋战国时期，竹编工艺已相当发达，从出土文物中可知的编结技法已有六七种之多，且施展娴熟，变化多样，有些还经过涂漆染色等装饰处理。其中一些竹编制物，如江陵马山1号墓出土的竹笥（今谓之竹盒）、望山1号墓出土的竹笥等，均用彩篾相间编制，篾片薄而细，因物而异，主要采用了三种不同的方法编制，异常精巧工致，堪称中国古代手工编制艺术之珍品。而在距奉节白帝城5里远的石板匣战国晚期至西汉时代悬棺墓葬中，也发现有编织成双篾条人字形纹样的竹编残片。这些竹器大多制造精美，编织技法多样，从荥经16号墓出土的竹圆盒，每厘米内竟编织细篾丝11根，几乎可与现代编织工艺相媲美。

西汉时期盛行用竹笥、竹箱盛装食物、丝帛、中药、香料、衣箱等各种日用品。长沙马王堆汉墓便出土了一批这样的竹制实物包装，其中有竹笥、竹篓等。东晋时，浙江嵊州竹编具有"篾疑秋翼蝉"之誉，唐时浙江宁波的"宁席"、湖北蕲州的"蕲簟"曾远近闻名。

宋代运输包装主要采用竹容器，它不仅用于包装普通货物，而且用于运输高档货品，如福建贡茶"北苑试新"的外包装就采用了"铜竹丝织笈"。为了使包装更具密封性，一些竹编容器还使用了髹漆技术，将漆料涂抹于容器的表面或内壁，从而使其具有防水、防潮、防渗漏的功效，还可避免脏污，易于清洁，延长使用寿命。例如，宋代民间就曾普遍使用一种以藤、竹或桑、柳等枝条编制的扁圆形容器，口小腹大，被称为"油篓"，容器内壁使用胶泥和纸糊严，并涂上猪血和其他粉末，晾干后再涂上一层漆料，用来盛装油、酒或腌菜，一直沿用至今。清代竹编器具更为多样，且质地优良，如苏州所产的"虎丘篮"，四川成都的瓷胎竹编、新繁的棕编，上海嘉定的黄草编织，云南腾冲的藤编等均为民间编制工艺史上的珍品。

随着历史的发展、社会的进步，竹编工艺和品种不断出新。竹编制作，一般经过采竹、剖丝、切丝、刮削、磨光、编结、染色和组装等工艺，其中前几项工序需要金属工具的配合。战国时期长江流域冶铜和冶铁业的发达，便于制造锋利的加工工具来裁削竹篾，这对于竹编的发展无疑提供了充分的技术条件。之后，在漫长的封建社会里，千千万万个民间编织工匠用自己的辛劳和才智编制出既实用又美观的劳动、生活用具，从而使编织种类日益丰富起来；与此同时，竹编制品也成为人们日用生活中不可或缺的一部分。

虽然与包装有关的竹编器具出土实物并不是很多，但我们仍然可以从文献中找到相关记载。下面是从中总结出的几个常见品种：

笾：古代祭祀及宴会时用以盛果脯等的竹编食器，形制如豆。

笈：竹编的箱子，内可放书籍，并配有带子可以背负。古人拜师求学被称为"负笈"，《史记·苏秦列传》有"负笈从师不远千里"。笈也可以加盖子，存放其他物品，如衣物、药品等。

笥：竹编的方形箱子，可放置衣物，也用来装食物。方形为笥，圆形为箪。除此之外，它也可以用来盛装香草、书籍、药物或函札等。实物可见于湖北江陵望山古墓出土的竹编箱、方形竹笥等；另外，在马山砖瓦厂古墓中也发现了类似的圆形或方形竹笥。

筐：方形竹编器具，用途很多，可以用来放农产品，放桑叶、山花叶、水草；此外，还可以用来盛装纺织品。

箱、箧：有底有盖的方形盛物器具谓之"箱"，箧则略小于箱，均是用来存放物品的容器。但是，从文献记载来看，箧放置的物品似乎较为贵重，如放文书、药物、茶叶等；此外，还可以用来盛放文章、诗集、藏笺纸、或存放珠宝等贵重物品。

笼、箐：用来盛东西的圆形竹器谓之"笼"。"箐"与之相似，也是竹编盛器，用途广泛，如用来盛衣物、火炭、香料，或用作灯罩使用；此外，还可用来熏衣。

籯（也作"籯"）：箱笼一类器具，可用来盛装茶叶。唐陆龟蒙写有一首《茶籯诗》，"金刀劈翠筠，织似波纹斜"。可知"茶籯"是一种竹制、编织成斜纹的茶具。

食盒、食篮：用来盛装食物，可搬运，可提携，明清时期极为流行；大都制作考究，结构合理，设计巧妙，是兼具功能与审美的竹编包装品。如故宫博物院收藏的"竹丝编胎高足篮"便是较为典型的一例，它由竹丝编制的 3 个盒子相叠而成，形似葫芦，并以扁木框架将其拢为一体；盒的肩部，框架外面，则饰以黑漆戗金云龙纹。盒内装有多种餐饮用具，总计为方形格盘 4 个、大圆盘 2 个、小圆盘 8 个、小碗 4 个、乌木筷子 2 双、银勺 1 个，均用漆彩绘花纹，放置科学合理，餐具齐备，取用极为方便，处处体现了宫廷包装的精美、细致与华丽。而民间使用的食盒则具有更为实用的特点，容器表面常以漆料髹饰，使其更加坚实牢固；在转角处包铜，不仅可以装点食盒，还具有保护竹器、减小磨损的功效。虽然民间使用的食盒在装饰上不及宫廷器具那般奢华、富丽，但依然体现出古朴、雅致的风范，在纹样上多采用吉祥图案，具有浓郁的民俗情趣。

除以上几种外，竹器尚有"筐"（方形竹器）、"篓"（竹笼的一种）、"簏"（高而圆的竹箱）、"箕"（盛土的竹笼）、"筲"（方底上圆的竹筐，俗称"筲筐"）等不同样式。

第三节　木器包装

以木料作为包装材质的历史极为悠久，大概从人们懂得钻木取火起，便已经开始剔挖木料形成凹槽，用来盛装食物或作饮水之用。但因为木制品易腐烂，早期的木器已很难留存，现今所见之最早、较为完整的木质器物是在浙江余姚河姆渡原始社会遗址发现的木胎漆碗和漆筒，距今已有约 7000 年的历史。而这两件物品之所以可以完好保存，盖因其外髹饰了具有防腐作用的漆料，至此，木器裹漆便成了一种基本的装饰方法，也因此产生了一门新的工艺——漆艺。

也许是因为木材质地较硬、纤维结构细密，所以多用于制作盛装物品体积较大且较重的包装箱，同时也有一些如匣、盒、筒等的较小容器。其造型多为方形、长方形、扁圆形和某些较特殊的多边形，相接处以钉铆、凹槽咬合，或直接采用胶接和加箍等形式。一些较为精美的木器包装还采用髹漆或雕凿的装饰手法，兼具平面和立体的视觉效果。

下面分别介绍几种常见的木器包装。

箱是一种极为古老而普通的藏物家具。古时曾有多种不同的称谓和样式，如"筐""筒""笼"等，如今统称为"箱"，或泛称为"箱笼"。传统的箱主要用来藏收各种衣物和书籍，因而按用途又可分为"衣箱""书箱"等。箱一般多为板式结构，上开盖，正面有铜饰件，钉鼻钮，可装挂锁；拉环在两侧，便于搬动；较大的衣箱设"车脚"（亦称"托泥"），便于放置和移动。箱具有"套箱""抬箱"等多种形式。而最为精美的当属江苏省苏州市瑞光塔出土的五代花鸟纹嵌螺钿黑漆经箱，盝顶长方形，下呈须弥座。其通身髹黑漆，上镶嵌彩色厚螺钿片的花纹。盖面图案为并列的三组团花，中间嵌半圆形水晶，并缀有彩色宝石。四周边缘嵌有瑞花和菱形环带的花纹，器壁面嵌以石榴、牡丹等花卉，间有飞鸟、彩蝶、花枝缠绕，分外多姿。整个漆经箱上螺钿花纹密布，犹如繁星闪烁，堪称我国古代螺钿工艺中的珍品。

为了盛放更多的器物，箱还采用了套装形式，其内装以小屉，不仅设计精美，也使放置更加科学合理，取用便捷。例如，故宫博物院收藏的一件明代黑漆彩绘嵌螺钿加铜片龙纹箱便用了多层套装的形式，箱为方形，顶盖之下设平屉，下面再设插门，用来缝合箱口，保护里面的5个小型抽屉；箱壁上绘五彩龙纹，以填、嵌两种方法制成，其上又嵌螺钿和铜片作为装点，色彩极为绚丽。

以上诸种都是较大型的木箱，在一些小品形木箱设计中，我们也可以找到极为精彩的案例，且大都极尽巧思，形制灵活而多变。例如，故宫博物院收藏的一款木质工具箱，其内划分数个小格，可装多件用具，包括风水仪、算盘、镜子、天平、砚台、毛笔、朱砂盒、鼻烟壶、墨、剪刀、刮刀等，且摆放工整有序，取用都很方便。

除箱外，在木器包装中较为常见的便是盒。盒的形状各异，多用来盛装书画文玩，以及较为精致的日用器皿等。在设计上，突出木料的材质美和经过雕琢之后所显露的典雅韵味，所以很多书画册页、卷轴多以木盒作为外层的包装物，其原因有二：一是因为木料所具有的坚固质地很适合作书画类的包装材料；二是木器所特有的自然纹理及其所呈现的古朴、雅致的审美趣味更吸引文人墨客。此外，在器型构造上也是极尽所能，使器型与内部物品达到最佳的切合。例如，故宫博物院收藏的一款木质大阅胄盒，外形随胄的样式可逐间开合，整体由铜扣固定。底座中有木芯，外缠黄色绸棉布，上套胄，胄的两侧由木筒合围，上覆木盖。此款包装，取用方便，放置平稳，保护与存放都很得当。另外一个设计绝巧的例子同样是故宫藏品，这是一件木制香料盒，整体形状为方形，中间又分为七个格子，组合成"七巧板"的形状，其中每个小盒子都可自由拆卸、拼装，使简单而略显枯燥的装取工作也变得异常有趣起来。

匣是一种与箱类似的木质包装容器，体积较小，与盒作用相当，经常被用作书画文玩的外层包装。例如，清道光年间扬州漆砂岩便使用了带瘿瘤纹的楠木方匣，里面为活屉，可以自由抽取，活屉中还有夹层，用来贮放方单（说明书），结构十分精巧。此外，匣也有套装形式，其样式与套箱很相似。故宫博物院收藏的楠木"笏罗乌玦"提梁多屉墨匣，整体造型为长方形，匣顶设弓形提梁，侧面装有提拉门。匣内隔板插放5个抽屉，分别装有小巧的蝙蝠形金属拉手，放置墨四锭，并在上面覆盖黄色硬纸板，防止被灰尘玷污。

另外，木质包装还可以根据实际情况选择合适的器型，这是因为木材具有优良的塑形功能，通过剔、挖、刻、销塑造不同的形状，表现效果极为丰富多样。以上所列之箱、盒、匣大多为方形结构，除此之外尚有圆筒形的包装容器。例如一些卷轴画册便可采取此种包装形制，具有轻便适体和节约空间之功效。一般而言，筒类包装大小各异，可以有盖，也可以无盖，主要根据存放器物而定。小型的器物如故宫博物院收藏的乾隆御用扳指筒，为紫檀木制，造型为三个相连的圆筒，中间的木柱上各插有三个颜色不同的玉扳指，取"连中三元"的吉祥寓意；而大型的木筒设计较为巧妙的有清代宫廷使用的木制棉套盔缨筒，分为两半，安装合页和铜扣，便于开合与固定。

从以上种种可以看出，木器包装是一种极为普遍的包裹形制，无论在民间还是宫廷都很常见。这不仅源于材料的丰富易得，还有它自身所具有的独特属性，如易塑性、坚实性、耐磨性等。但是，我们也需注意木质包装的日常保护，特别是在防虫、防潮上更应多下功夫，这样不仅有利于保护放置其中的珍贵物品，同时也妥善地处理了木器包装，使之更加坚实美观，寿命更加长久。

第四节　漆器包装

天然漆亦称大漆、生漆，是漆树分泌的汁液，其中含有漆酚、漆酶、氮物质和树胶质等成分。漆料通过适当加工，涂刷在车辆、用具等物体的表面，可形成一层光亮的薄膜，具有耐潮、耐高温、耐腐蚀等特殊功能，同时又可以配制出具有不同颜色的漆，在器表描绘精美纹样，使其更富装饰性。

早在新石器时代，人们就已经初步认识了漆的性能并用以涂饰器物。此后历经商周、春秋战国至秦汉时期，漆器生产规模不断扩大，分工更加细密，漆器工艺获得全面发展，成为一个重要的手工业部门。如果我们可以把传统包装的范围泛化，从广义上将盛装物体的容器也视为一种包装，那么今天所见之最早的漆器包装实物是距今 7000 年的木胎漆碗。它出土于宁波市余姚河姆渡遗址，内、外壁均饰以朱红色涂料，历经几千年而不腐，再一次证明了漆料所具有的高耐腐蚀性，以及中国漆工艺的精湛与成熟。从这个意义上讲，漆器似乎应该更适宜用作包装材料，但因其工艺繁复，制作周期长，所以多用来包装那些较为贵重的物品，如字画文玩、梳妆首饰或其他装饰工艺品。

与包装有关的漆器品种主要有豆、罐、盒、奁、匣、箱等，其中奁与盒较之其他更为普遍，且形制多样，使用历史悠久。

奁，音同"连"，是古代妇女梳妆用的镜匣和盛其他化妆品的器皿，有圆形、方形、筒形等多种形式，其造型装饰尤以汉代最为精美。

汉代漆器基本上继承了战国风格，但有新的发展，生产规模更大，分布更广，并且出现了许多新兴工艺，如用针划填金的戗金技法，以稠厚物质堆写成花纹的堆漆等。另外，在器型设计上也具有鲜明的时代特色，融功能、审美于一体，表现出中国传统工艺的美学特征。其中，尤以漆奁最为典型。

汉代漆奁设计从实用出发，为了在容器内盛装下更多的物品，最大限度地利用空间，普遍采用了套装形式，构思巧妙，制作合理。湖南长沙马王堆 1 号墓出土的两件圆形漆奁，内漆朱地，外涂黑彩，表面绘朱红或金银色泽的花纹。其中一件为双层奁盒，其直径 35 厘米，上层放丝巾、镜袋、手套等物，下层嵌放九件不同形状的小漆盒，分别放假发、梳篦、毛刷、脂粉等物。另一件为单层盒，其直径 33 厘米，内放铜镜一个（戴红绢镜套）、大小不一的小圆盒五个，以及梳篦、小刀、毛刷、脂粉、印章等。这种以大盒盛装多件小盒的器皿又被称为"多子盒"，亦称"多件盒"，其内装有数件不同形状的小盒，有圆形、长方形、马蹄形等。通常，圆形小奁放镜、脂粉等物，马蹄形奁放梳等物，长方形奁放簪、小刀等物。虽然小盒形状各异，大小不同，但却能同时放入大盒，且摆放合理，美观协调。在装饰上，则从整体效果出发，具有丰富统一的视觉效果。例如，江苏省邗江县乡姚庄 101 号汉墓出土一件七子奁：奁盖顶部饰以银柿蒂，蒂心嵌有一颗直径约 1.8 厘米的红玛瑙珠，柿蒂周围为金银箔的饰带（现多氧化）。奁身及奁盖外壁均以三道银扣形成两个纹饰带，带中主要是以金银箔组成的山水纹，并配以羽人祝寿、车马出巡、狩猎、斗牛、六博、听琴等图案。七件子奁均为薄木胎，器型有长方形、正方形、圆形、椭圆形、马蹄形等，器表亦嵌有玛瑙，镶饰银扣，另贴有羽人、锦鸡、孔雀、羚羊、熊、马、虎等形状的金银箔。总之，汉代的漆奁在设计中充分体现了实用性与审美的结合，为漆类包装之典范。

除奁外，用作包装的漆器较为常见的还有盒。盒，是一种常见的包装形制，由盖和身两部分组成，多采用子母口扣合，用来盛装小件物品。漆盒造型变化极为丰富，除常见的圆形、方形、多边形等几何形状外，尚有模仿花果和动物的仿生态造型。例如，湖北省随州市曾侯乙墓出土的一件鸳鸯形漆盒，盒身为鸳鸯形，木质，中空，背上有带钮小盖，可自由开合。首颈与身上榫状结构相连，可以转动，拔出后，榫眼可作出水口。盒身漆黑地，以朱、金两色漆描绘鸳鸯羽翅等物，并在腹部两侧绘乐舞图，造型逼真、灵动，在开关设计上也极尽巧思。与此类似，在安徽省天长市安乐乡的汉墓中还发现了一件鸭嘴形柄漆盒，器柄作鸭嘴张开状，柄内涂朱漆，外髹黑漆，并用朱漆绘饰鸭头、嘴、眼等，形象生动而又逼真。而模仿花果造型的漆盒在明清两代都很常见，雕凿精美，形制典雅。如故宫博物院所藏的一款蝙蝠勾莲纹柿形雕填漆盒，盒为柿形，通体髹朱漆作地，彩绘蝙蝠勾莲纹。

明清时期，较为流行的是圆形漆盒，主要采用剔红工艺制作。盒以子母口扣合，盖面雕刻花纹多为人物花卉，也有山水景物、吉祥图案等样式；边缘处雕嵌花形边式，与盖面装饰形成统一的整体，其内髹黑漆，与剔红器表色彩对比强烈，极富装饰效果。例如，明代永乐年间的一款八宝纹剔红盒，周身密布繁密的缠枝花卉，其间镶嵌轮、罗、伞、盖、花、罐、鱼、肠八宝，围绕中心的莲花呈环形构图；为了配合中心纹样，在盒的外壁雕有菊花、牡丹、千日榴、茶花、莲花等图样，整体造型庄重典雅，花纹精美而富丽。另有一款以人物造型为主体纹样的剔红雕盒，为明代嘉靖年制。此盒通体在绿地上雕云锦，在红漆盖面上刻山石松树，其间有五仙人分持灵芝、寿桃、葫芦、鲜花、宝瓶，形象生动，雕凿精美；因盒面上方有一"寿"字，此盒被命名为"祝寿图绿地剔红盒"。清代的剔红漆盒作品，在明代的基础上又有了较大的进步，雕凿更加精细繁密。如乾隆年间苏州进献的一款"海兽纹剔红盒"便是具有创新意义的典范，此盒由完全相同的两半组成，盒表以朱漆髹成，刻桃花流水，两面各有海兽三只，跳跃于翻滚的波涛中，造型极为生动。该盒雕刻为满地构图，浑然一体，纹样细密如丝，流畅自然，展现了清代雕漆工艺的高超技艺。

　　一般而言，漆盒的装饰主要集中于盒盖部分，这是根据使用情况和放置特点做出的独特形制。但也有特例，如湖北省云梦县睡虎地九号秦墓出土的彩绘双耳长漆盒，采用的便是盒盖与盒身相同的设计思路，器型呈椭圆形，两头有双耳，盖上与器底均有假足。最为有趣的是，当把器盒翻转过来与盒身并置时，便会成为两件相同的盛器。此外，在清代还出现了一种包袱皮状的漆盒，这应与当时宫廷普遍盛行的仿生工艺密切相关。它是将包缠于漆盒外壁的布料也一并塑造出来，既具有装饰的效果，同时又生动地表现出层层包裹的形态。例如，故宫博物院所藏的"彩绘描金花果纹包袱式长方形漆盒"，造型极为新奇，长方形盒外系有锦袱，"盒"用黑漆描金法饰以折枝佛手及桃宝，"包袱"则饰描有"卍"字菊花锦纹，其皱褶及打结处生动自然，几可乱真。

第五节　包装的竹木之美

竹木与其他材料最鲜明的区别便是具有天然的纹理，这种或斑或旋或条状的浅纹以极为灵活的方式呈现，本身便是最生动、最鲜活的装饰。

中国古代审美历来重视道、器之间的和谐，追求的是一种返璞归真、天人合一的美感；而以竹木作为包装材料，不仅可以从外观上起到雕琢、美化的功效，同时也可以通过"包裹"本身获得那种来自泥土的纯然与古朴，而这正是几千年来令无数文人墨客为之倾倒、迷醉的意境。除车船、家具、工具等常见的日用器物外，竹木材料多用于包装书画文玩，如画匣、书函、墨盒、笔筒、文具箱以及其他小件工艺品的外包装盒；使用的工艺几乎包括了所有竹木材料的加工技术，除常见的雕、剔、挖、刻外，还有编织、髹漆、贴黄等综合性的装饰手法。其中，贴黄是一种将竹与木结合起来的工艺，其制作方法是以木作胎，再粘贴竹片制成。它的特点是不仅保留了木料的坚实致密，同时又将竹的光滑、柔美赋予器皿，形成极为独特的装饰效果。今故宫博物院收藏的一款棕竹水浪莲花盒，以木为胎，将24块棕竹丝片盘贴成旋涡浪花纹葵瓣形盖，盒体呈八瓣委角葵花形。盖面正中嵌一片雕莲花白玉，盒内涂有黑漆，色泽光亮，并配以檀香木雕碧波莲花八瓣圆屉盘，木盘的水浪莲花间有5个形状各异的凹形小池，小池以东、南、西、北、中顺序排列，印刻楷书御制五言绝句诗5首。整个包装设计巧妙，制作精美，内外呼应，浑然一体，不仅融合了棕竹的斑驳美感，又于内部体现了檀木材料的细腻与古朴，将竹与木的自然之美以极为灵动、绝巧的方式表现了出来。乾隆皇帝曾对其爱不释手，命人设计内屉，用来盛放玉鱼，从而使内、外融会一致，整体包装显得更加绝巧雅致。

除了具有材质的美感，精湛的雕工亦是不可或缺的必备条件。竹木材料具有质地细密、坚实耐磨的特点，可以雕凿出精细异常的花纹与形态。这些具有质感的线条和流动的形态与竹木本身的材质纹理形成完美和谐的搭配效果，从而使竹木材料本身的美感通过人工的雕琢，以艺术化的手法呈现于世人面前。例如，清代宫廷使用的一款花梨木蟠螭纹镂空提梁食挑盒，便是采用镂雕的手法塑造出具有层次感的空间效果，食盒通体雕刻"万"

字头纹饰，既具有装饰上的美感，又寓意"天地和谐，万福万寿"。竹雕主要流行于明清时期，该时期出现了一批极为精美的工艺品。其中，最具艺术性的要属竹根雕刻，它类似于根雕，以材料原始形态为造型基础，体现出自然、古拙的艺术美感。如清宫御用的一款竹根雕葫芦形御制诗文盒，整体造型为一缠枝葫芦，采用老竹中空的自然形态略加雕琢而成，设计巧妙，融实用与审美于一体。此外，竹子还因其特殊的韧性，常被加工成轻薄细长的篾条，以经纬交叉的方法编织各种容器。虽然，这在一定程度上弱化了竹材本身的纹理、形制，但在编结的过程中却因为融入了手工的成分而具有另一番古朴纯然之美；并且较之其他工艺，此种方法似乎保留下更多的手工操作痕迹，每一节、每一点都浸透着手工艺人的智慧与辛劳。在欣赏编结工艺的同时，我们感受到的是一种凝聚时间的生命韵律，而当我们在使用编结器物时，体会到的则是人与自然的完美融合，以及那经过重新"编结"的造物之美。

人们喜爱选用竹木作为包装物的材料，除了具有以上诸种原因外，还有它所特有的精神特质。中国文人常用竹木比喻人格，从而彰显出一种自然、古朴的审美风尚。

最早赋予竹以人的品格，把它引入社会伦理范畴的，恐怕要算《礼记》了。《礼记·礼器》中说："……其在人也，如竹箭之有筠也，如松柏之有心也。二者居天下之大端矣，故贯四时而不改柯易叶。"至魏晋时期的"竹林七贤"，更是把"崇竹"的风气推向高潮。也许，正是从那时起，中国的文人士大夫便与竹子结下了不解之缘。有关竹子的诗词画作层出不穷，而在庭院中种竹、养竹，亦成为文人们追逐风雅的又一癖好。而以木比喻人的风尚始自孔子，《论语》中有"岁寒，然后知松柏之后凋也"[1]，以此表现出松柏所具有的坚强品性，进而成为君子贤人的理想人格化身，并对中国传统文化的发展产生了极为深刻的影响。其实不仅是竹木，在中国传统工艺美术中都极为重视材质的美感，而这种美感并不等同于我们所理解的物化自然，它还包容了更多精神上的元素。这便是中国古代的"象德"之说：一物之所以受到君子的青睐就是因为它象征了一种美德和人格，正

---

[1] 杨伯俊.论语译注[M].北京：中华书局，2006：109.

所谓"仁者乐山，智者乐水"，人与自然的密切联系便体现在这种和谐的呼应中。所以，古人愿意赋予竹木更多人类的品性，均是因为在中国传统审美中人与物、个体与他者早已融为一体，合二为一，而这种泛化的"移情"式审美习惯也正是东方传统审美的最突出表现。

也许，作为包装使用的竹木材质会受到盛装物品外形、重量的诸多限制，但这丝毫不会减弱竹木本身所具有的美感，特别是那些构思巧妙、设计合理的外包装，不仅具有功能性、审美性，还融入了更多隐性的"情感"，这其中自然包含制作者的创作心得，同时也在具体的日用生活中渗透了使用者的精神旨趣，因为包装来源于使用的需要，而使用则来源于某种带有情感色彩的个体化选择。

第四章　陶瓷包装

第一节　陶与瓷

中国古代是不太讲究陶、瓷的区别的，在解说瓷器的时候说，"瓦类也，加以药石而色光泽也"，"瓷，陶器之致坚者"[1]。这说明陶是涵盖在瓷的范围里的，直到明清仍是这样。可见，古人在创烧这些器物时不会过多地去区分到底哪个是瓷、哪个是陶，而哪一种原料、方式烧造出来的器物更合目的性才是最主要的。

不过，依现代标准所区分的陶瓷中，无疑是陶的发明远早于瓷。这不仅是技术上的限制，单是材料的限制就已经足以让古代人类费尽周折而无果了——制瓷所需的原料是瓷石或高岭土，又或是二者的混合物。瓷土并不像黏土般常见。高岭土属于矿物的一种，尽管从整体储量上来说比较多，但相对黏土来说仍是稀缺的，而且烧造技巧中对温度的要求和控制也足以构成相当大的挑战。要求越低，满足要求的对象就会越多。陶的制作原料是黏土，所以满足陶的制作要求的原料就相当丰富，于是陶的出现远早于瓷也是顺理成章的事情。但是，在历史上，瓷的光彩几乎完全盖过了陶，只有"唐三彩"和紫砂陶器的出现

---

[1]　司马光.类篇（附索引）[M].上海：上海古籍出版社，1988：467.

成为陶史上的亮点，让陶显现出其本色的魅力。

当然，随着陶的发展，某些陶对烧造原料的要求并不亚于瓷，甚至更高，但这不妨碍陶的最低要求的实现——只要陶胎在 700~800 摄氏度的温度下陶化成形，便成其为陶。瓷的制胎原料与制陶的易熔黏土相比，硅和铝元素的含量要高许多，铁元素的含量则明显要低些，这就使得瓷胎能在较高温度下烧成更多的硅铝化合物，从而使瓷胎质致密，敲击时能发出清脆声音，吸水率也能保持在 1% 以下或基本不吸水。陶的物质构成疏松，吸水性变强，叩之声音沉闷也就是必然的，其吸水性之强从日常生活中常见的砖就可见一斑。瓷的烧成温度不能低于 1100 摄氏度，而成熟的瓷的烧成温度要保持在 1200 摄氏度以上，显然温度也将二者做了较大的区分。亦有特例，部分使用高岭土的硬质陶和紫砂土质陶的烧成温度也能达到 1100 摄氏度以上，在器物分类中，它们也被称为"炻器"，用以指代兼具陶与瓷两种性质的器物种类。此外，陶、瓷原料成形性使得陶更容易变形，所以陶器造型往往都是以曲线为主，少有直线，以掩盖其不足。而瓷则要好得多，所以常常可以看到有边棱的瓷器。有釉与否不是陶、瓷的本质区别，不过陶较少挂釉或部分挂釉，而瓷则从原始青瓷便开始挂釉，这种现象是因为瓷发展在后，在它之前已有挂釉技术，而且挂釉的瓷器能更好地表现出瓷的特点。

制陶要根据不同用途对原料进行加工，一般选取细腻的黄土淘去杂质，如需用高温火烧，则要掺入沙子，加强熔和性，以防爆裂。制作陶器的方法因器型不同而有所不同：对于小型器物，直接捏塑成形即可；对于较大型器物，一般是采取泥条盘筑法；对于用上述方式均比较难以实现的复杂器物，则采用的是分部分成形，最后进行组合。还有一种比较古老的方法就是贴塑法，开始是在竹木编结器物外表粘贴，后来则是在胎泥中羼和稻壳和植物秆、叶，以加强直立性。这种方法由于难以把气泡全部排出，所以在烧制过程中常常发生破裂，于是泥条盘筑法逐渐取代了贴塑法，但是贴塑却成为一种器表装饰方法。

虽然世界各地几乎都经历过灰陶、彩陶、黑陶等阶段，但是在世界其他地方却或停滞或放缓，没有沿曾经的路线发展出一条可观的道路来，唯独在中国获得延续和不断发展，这就无法不与中国古老的黄土农业文明联系在一起。关于制陶的起源，《周礼·考工记》中有"有虞氏上（尚）陶"[1]；《逸周书》载"神农作瓦器"；《春秋正义》记"少皞有五工正，抟埴之工曰鹍雉"；《吕氏春秋》言"黄帝有陶正、昆吾作陶"；《史记》曰"黄帝命宁封为陶正"。这些无法被确证的记载虽然不足以全信，但神农、黄帝这些传说中的农业技术创造者被关涉到陶器之中，也可见陶与农业二者的关系难以割裂。即使不联系这些古文旧典，只从当时古代人的生活环境和生活方式就可以看出，陶与他们的生活实在是密切相关。定居的农业社会虽然不是陶产生的条件，却是促使陶获得强劲发展的动力。千年而下，中国古代的人类就一直活动在这块相对固定的区域里，其生存、繁衍、发展、变革，陶瓷的发展也随着中国古代先民的轨迹而变迁，紧密地熔融在这个文明之中。适用而不仅仅是实用，几千年内所产生的盘根错节般的复杂联系让中华文明的每一处经脉几乎都能与陶瓷扯上关系。

陶瓷作为人类所掌握的第一种造型产品，在长久的发展史上，曾经创造出了最多种类的器物，成为此后的漆器、金属器等众多类属器物所模仿的对象，尤其是继陶瓷之后所产生的应用最多的青铜器，虽然后来也独创了很多器型，但其形制很多是直接模仿陶器。中国陶瓷的意义是非常重大的，它应用广泛、价格低廉，一切日用器具几乎都可以用陶瓷制作。相对于其他古代国家来说，陶瓷这一批量化大生产的材料为中国人的日用生活提供了一个较高的平台，使得上自宫廷士人、下至贩夫走卒都能在这个基础上保证一定层次的生活水准。从表面来看，这些器具虽是用具，实际上却维持了一个比例巨大的相对统一、稳定的群体，维系了社会的稳定。

[1] 考工记译注[M].闻人军，译注.上海：上海古籍出版社，2008：11.

第二节　陶瓷包装

陶瓷的历史可谓悠久绵长，在火被引入人类的生活之后，水与火相融的产物——陶就具备了产生的条件。从已发现的考古资料看，世界范围内大多数国家或地区在新石器时代就已经发明了陶器，中国作为世界著名的陶瓷古国，在约 1 万年前的新石器时代就已经制作和使用了陶器，在湖南道县玉蟾岩、江苏溧水县（现溧水区）神仙洞、江西万年县仙人洞等地都出土过这一时期陶器的残片。但在地理自然条件、气候环境、生活方式、社会历史等诸多不同因素的作用下，最终使陶瓷在中国获得了独一无二的发展，创造出古代中国的一项伟大奇迹。无论是制作精巧的蛋壳黑陶，还是著名的"唐三彩"，抑或是声隆于世的秦始皇兵马俑，繁花似锦的青花、釉里红、粉彩、珐琅彩等诸多的瓷器装饰工艺，只需从西方人将青瓷碎片以黄金包着以示珍爱就可以看出中国古代劳动人民所创造出的文明是多么卓越。随着陶瓷烧造技术的成熟、不同时代审美诉求的变化，陶瓷包装也因之而不断变化。包装的功能决定了它要考虑当时社会的主流倾向，因此包装也就必须紧跟时代，成为陶瓷变迁的"晴雨表"。

致用的需求是最原始的，也是最持久、最强烈的。陶瓷是由于人类开始定居生活才得以发展的。考古发现旧石器（与中石器）时期就出现过陶，但都没有得到普及，因为那时人类烹饪的方法是用烧烤或石煮。而到了新石器时期，由于定居生活，农业得到发展，谷类食物需要用陶制器具煮制。自然器具都不如人造物件——陶器使用方便且耐火烧烤，成为一种最理想的烹饪容器，这对陶器的普及起了决定性作用。不但在炊煮器具这一领域，在其他用具中，陶瓷耐腐蚀、结实、器物形制灵活多变等特点都不是之前的植物及骨器所能比拟的。因此，陶瓷在众多领域中得到迅速应用。由此，顺应不同要求的器物也就产生了。在瓷器成熟并获得发展之后，越来越丰富和成熟的技术满足了种种要求、实现了种种期待、承托了种种寄予，形成一种文化。在长达数千年而没有发生激变的社会中，陶瓷与这种社会形态、社会意识成为互不可少的一部分，后者决定了前者，但是前者又往往成为后者发生、发展的土壤。

　　以陶作为取水、储水工具可能并不是陶的最初用途，但是当陶产生后，这一作用却无疑成为最重要的。水是一切动物所必需的，于是动物群必须在水源附近生息，隔一段时间就必须去水源地摄取水分，人类也是如此。随着定居生活的强化，采集食物这一方式所起到的作用降低，种植和畜牧得到发展。这就意味着不仅人摄取水分的方式变少了，而且人对水的需求更大了，储水具的应用就成为必然。如果说固体物件可以用编结器物装盛，那么水就必须依靠能够保证水分不被流失的方式来保存。因此陶瓷包装有了现实的需求，开始大规模地出现。

　　如同满足陶的最低要求一样，一类物品要获得普遍而广泛的应用，必须做到让最底层的人也能轻松地接受。原料、制作技术和需求这三个环节是一切产品生产的制约因素，任何一个环节的缺失都将不能实现上述要求。于是，资源丰富、制作要求可高可低、所制作出来的产品具有多层次性，陶便成为满足日常生活这一最大需求的最佳选择，等级森严的上层、中层、下层中的人们都能从此找到各自所需。因此，农业社会中的生活用具只要存在可能就都会以陶瓷作为代用品，而让陶瓷参与到与人们日常生活紧密关联的产品包装中也实在是再自然不过的了。所以，东汉以前，陶器一直都是人们日常生活中应用最广泛的用品，商周时期尽管青铜器盛行，但青铜的材料和工艺都决定了它的应用层面和范围，只有陶才能发挥材料特性满足最广泛的要求。

一、陶包装

　　红陶：因黏土里含有铁成分，焙烧时会氧化成三氧化二铁，使陶器呈现土红、砖红或红褐色，故名红陶。红陶是新石器时代陶器的一种，出现的时间最早，烧成温度一般在900摄氏度左右。以河南新郑裴李岗和河北武安磁山仰韶文化的作品为最早，有泥质和夹砂两种，胎厚薄不均，陶质松脆且烧成火候低，以碗、钵、壶、罐、鼎等制品为多。从器皿来看，红陶虽有包装，但数量很少。从装饰上看，泥制陶器多为素面，夹砂陶器表面有简单粗糙的绳纹、划纹、指甲纹、篦点纹等，纹饰较为简洁，这种区别疑为对夹砂表面不足的补充。

　　彩陶：彩陶是用赭、红、黑等色绘饰的陶器，是仰韶文化的一项卓越成就，马家窑文化也因受其影响而发展出来。彩陶器皿品种较多，一些生活日用器皿也已出现，如碗、钵、杯、盆、罐、瓶、瓮、甑、釜、鼎等，以圆底钵、平底碗和直口尖底瓶等最有特色。该文化时段的包装增加不少，但是，彩陶文化的意义在于其彩绘的图案。彩陶装饰的特点是动物形象较多，有鱼纹、鸟纹、鹿纹、蛙纹，有些在形制上也多仿照动物形象。鱼纹最有特色，有单体鱼、双体鱼、三体鱼等，形象由具象逐渐到抽象，最后变化成为不容易看出来的纹饰，这也成为纹饰产生的一个重要来源。无论是包装器皿还是一般器皿，这些丰富多彩的装饰创制形成了浓浓的地域特色，在现代看来，这些形象所传达出来的审美情趣、生活特色和艺术内涵，成为文化的表征。

白陶：白陶是指用高岭土制成、胎质细腻、色白者，白陶的出现反映出制陶工艺的进步，为以后瓷器的产生提供了技术支持。白陶最早出现于新石器时代大汶口文化时期，制品以陶鬶为多，至商代白陶最为精美，殷墟出土的壶、豆、瓿、碗在古朴端庄的形体上刻有细致的类似青铜器上的饕餮、云雷等花纹。

灰陶：灰陶是灰色和灰黑色陶器的统称。成色原因是成型的陶坯在烧制时，黏土中的铁发生还原反应而呈现灰色。灰陶最早见于距今六千多年前的陕西宝鸡北首岭仰韶文化遗址。陶土中掺细砂的称为"夹砂灰陶"，不掺砂的称为"泥质灰陶"。二里头灰陶所出器物鼎多鬲少，另有夹砂长腹罐、瓶底盆、豆、小罐等，酒器有觚、爵、鬶、盉等。陶罐多为敛口、深腹略鼓的瓶底罐，很少发现圆底罐的。

黑陶：新石器时代陶器的一种，因烧窑时的渗碳作用，使黏土含有游离的碳而呈黑色，故名黑陶。在陶器出窑时趁热涂上油脂或树胶也可呈黑色。黑陶最早见于龙山文化时期，龙山文化晚期黑陶数量增多，制品有杯、盘、碗、盆、罐、甑等，造型规整，胎体致密，表面漆黑光亮。

釉陶：汉代时由于成功发明了低温铅釉，在700摄氏度左右就能烧成釉陶，着色剂为铜和铁，其釉层清澈透明，表面平整光滑。从出土来看，两汉的釉陶均为殉葬品，器型包括鼎、盒、壶、灶、作坊、楼阁，实用器物不多。釉陶本身的价值不高，它的意义在于为唐三彩的出现创造了技术条件，为釉上彩的发展奠定了基础。

总的来说，陶包装在唐三彩之前一直都是低迷的，而在唐三彩之后也是黯然且停滞不前，只有到了紫砂陶，陶才发挥出它的独特魅力。

　　唐三彩是一种多色彩的低温釉陶器，它以细腻的白色黏土为胎料，用含铅、铝的氧化物作助熔剂，以铜、铁、钴等元素成色，釉色有黄、绿、蓝、白、紫、褐等多种色彩，但多以黄、绿、白为主，一般一件器物上的颜色不超过三种，"三"是多的意思，而非实指。宋辽时虽也有烧造，但不及唐代。唐三彩以人物、动物俑最多，艺术水平也最高，日用器皿有枕、炉、樽、壶、灯、钵、盂，还有各种碗罐。

　　"陶都"宜兴生产紫砂茶具，在北宋初期紫砂壶就已经成为独树一帜的茶具种类，但只有到明朝开始有饮用散茶这一习俗时，紫砂壶的特点才被重视并获得前所未有的发展，迄今不衰。紫砂壶采用当地的紫泥、红泥、团山泥成形，内外不施釉，以高温烧成。冬天泡茶时，由于壶体导热慢利于保持水温且泡茶不烫手；夏天时，由于壶体有微渗作用，所以不会因水滴回滴而使茶水变馊，耐冷热剧变所以不易爆裂，可以直接放在火上烧炙。鉴于紫砂在泡茶时的这一优点，故紫砂器大多是茶壶，用作他用的很少，如印盒、鼻烟壶这类包装器物只占很小的比例，其特色较难显现出来。

　　二、瓷包装

　　瓷包装的数量要远多于陶类，这不仅是由于瓷器的装饰、造型要优于陶，更重要的是，对于以保护为首要目的的包装来说，瓷的坚致、不透水汽的特性更受人们青睐。这一基本特性决定了瓷包装的优势，众多的瓷类和装饰、美化技法为瓷包装的扩展提供了进一步扩大影响面的空间。在瓷的基本特质具备之后，所能发展的就是器型、装饰这些视觉因素。在器型的创造上，由于器物的空间因素使得它能进行功能性设计，但是，一旦一种经典的器型被创造出来后，很快就会被模仿，所以，数百年沿用一个器型的例子并不少见。而釉色、装饰这些表面视觉因素对于包装的意义不是进行功能性设计，而是具有心理性暗示、社会伦理传授、视觉审美传达等功能。虽然每个朝代的器型、装饰不一样，但是中国的社会形态没有发生太大的变化，因此对传统包装器物的考察大多只能以不同时代技术因素的进步为基础进行，对器物本身的考察反而少了。

　　商代中期时，就已经出现原始青瓷了。从商周到西汉，原始青瓷上的釉是由石灰石和黏土配置的，在氧化焰中烧成，由于铁元素较多，所以呈黄绿、灰绿、褐绿等颜色。主要器型有樽、豆、瓿、罐、盖罐、提梁壶、鼎、瓮、簋、罍等，绝大部分造型仿自青铜。器表多印米字纹、方格纹、麻布纹、圆圈纹、曲折纹、叶脉纹、篦纹、水波纹、云雷纹等。

东汉时期原始青瓷制作精细，胎多为灰白色，施釉方法已改为浸釉法，生活用器如罐、盘口壶等已经成为主流，釉色青绿，也有些为青黄。东汉青瓷在造型和装饰上与原始青瓷很相似，但是在胎釉的化学组成以及烧成温度等方面则有本质的不同。东汉青瓷胎质致密坚硬，胎色多为灰白或淡青灰色，瓷化程度较高，釉层均匀，胎釉结合紧密。魏晋南北朝时，由于南方较为安定，且大量北方人口南迁，所以以浙江越窑为中心，继承发展了东汉青瓷的成就。而北方直到公元6世纪初期才在墓葬中有随葬青瓷出现，白瓷则出现在晚期的墓葬中。北方青瓷装饰方法较多，有堆贴、模印、雕镂、刻划等，纹饰中受佛教影响的莲花纹、忍冬纹等较为多见。

隋代瓷器仍以青瓷为主，也有一定数量的白瓷。隋瓷的胎质普遍较厚，胎质坚硬，釉无论是青绿、青黄还是黄褐，均为玻璃材质，施釉不到底，多数有垂流现象。隋瓷多光素无纹，带纹饰的主要以印、划、贴为主。隋代白瓷是从青瓷转化来的，最早的白瓷是由北朝的工匠创烧，但这时的白瓷釉不是真正白色的，而是透明的玻璃釉罩在白胎上。器物胎质较白，釉面光润，已基本看不到南北朝白瓷上白中泛青或闪黄的痕迹。隋代制瓷技术的重要成就之一是在瓷胎上成功地运用化妆土，避免瓷器烧成后胎面粗糙、坯面出现空隙及胎体颜色不好等弊病，提高了白釉色的透明度，并使呈色稳定。隋代瓷包装器型主要有四系或六系盘口壶和罐、龙柄鸡首壶、瓶等，这时的壶、罐造型比南北朝时更瘦高，讲究曲线美。

唐代青瓷在隋代基础上有所发展，以越窑和长沙窑最为著名。唐代越窑早期时胎灰色，紧密坚致；釉质很薄，均匀缜密，青绿色，有的略闪黄色。器型还有隋代的风格，立型器多瘦高。唐中晚期时胎比以前更致密，呈灰白色，釉匀净，有鳝鱼黄、淡青和青绿等色，通体施釉。晚唐时多以光素为主，也有划、刻、堆贴和镂空纹饰的，以划花居多，常见纹饰是花鸟、水草、人物等，线条纤细生动、流畅简洁。长沙窑主要生产一些生活及文房用品，还有玩具和瓷俑等。胎细密坚致，瓷化程度较高，釉色以青色为主，也有蓝、绿、酱、褐、黄等。

唐代白瓷多集中在北方，主要有邢窑、定窑、巩县窑、黄堡镇窑等，五代时期景德镇开始烧造白瓷。邢窑白瓷按胎釉的质地可以分为粗、细两大类，粗白瓷的胎质又有粗、细之分，粗胎胎质粗糙，胎色灰白；细胎胎体致密，胎色较淡，往往施一层白化妆土。粗白瓷的釉质较细，釉色灰白或乳白、黄白色。细白瓷的釉质很密，釉色纯白或白中泛青，胎色纯白，个别白中闪黄。邢窑白瓷多素面无装饰，唐代中期以后特别是晚唐五代，邢窑常采用雕塑、堆贴、印花、刻花、压边、起棱等装饰。唐初定窑瓷器胎质较粗，胎色青灰，淘洗不精者呈褐色，瓷胎也已烧结；白釉器物内壁施满釉，外施半釉。唐代中期，胎土经过仔细淘洗，胎质坚硬，胎色纯白，釉直接施于瓷胎上，无化妆土，釉色乳白。晚唐至五代时期的胎质更细，胎壁薄而轻巧，釉质细洁，呈乳白色，器物满施釉。

唐代生产黄釉的窑主要是寿州窑、白土窑、曲阳窑等。寿州黄瓷可作为唐代黄瓷的代表，胎质厚重、坚硬粗糙，胎色白中泛黄或黄红，胎上施白化妆土，器物底足多做成平足或底心微凹；釉玻璃质强，流动性强，多是内壁施满釉，外施半釉。唐代黑瓷的一般特点是胎体厚重，器物多平底，制作较青瓷、白瓷粗糙；釉色有的黑如漆，也有因火候掌握不好而烧成褐色或茶叶末色。花瓷是唐代新出现的一种瓷器，是在黑釉、黄釉、天蓝釉等器物上饰以浅色斑点，或在浅色釉上饰以深色斑点釉。唐代还有一个新的品种——绞胎瓷器，外壁施白釉、青釉或绿釉，越窑、巩县窑、耀州窑均有生产。

宋代是我国陶瓷发展史上的第一个黄金时期，著名窑系有以生产白瓷为主的磁州窑系，以生产红、蓝窑变釉为主的均窑系，北方生产青瓷的耀州窑系，南方生产青瓷的越窑和龙泉窑系，以江西景德镇为中心的青白瓷系和生产黑瓷及各种黑色窑变釉的黑瓷系等。除了这些为数众多的民窑以外，宋朝宫廷还建立了汝官窑、钧官窑、汴京官窑、郊坛官窑和"哥窑"等官窑系。均窑始见于北宋，终于元，以河南禹县为中心，窑址遍及县内各地，最著名的品种是高温铜红乳浊釉，即在天蓝或月白色釉上烧出大小不一、形状各异的玫瑰紫或海棠红，有的还交织着蓝、灰、褐、鳝鱼黄等颜色的斑点或条缕。这属于窑变，因为釉料中含有少量的铜，在还原气氛中烧成的。初时为偶然失误，但后来转为欣赏，且由开始时只能任由釉料自由变化发展到数百年后的工匠能控制这种窑变的发生。龙泉窑始烧于北宋早期，南宋晚期最为辉煌。北宋时期，龙泉窑青瓷还在仿越窑、瓯窑和婺州窑。而南宋中期以后，龙泉窑形成了自身特色，以粉青和梅子青釉著称，是龙泉窑青瓷中最名贵的品种。这种釉是一种石灰碱釉，高温中黏度大，流动性小，所以能挂厚釉，而厚釉中又含有大量小气泡和未完全熔化的石英颗粒，当光线射入后会发生强烈散射，从而呈现出一种柔和、淡雅，如冰似玉的质感。龙泉窑器型多样，如瓶有梅瓶、龙纹瓶、虎纹瓶就、五管瓶、胆瓶、鹅颈瓶等。由于北宋后期崇古之风盛行，出现了仿古铜器、玉器的鬲、觚、觯、琮式瓶等。哥窑最具特色的就是它创烧的"开片"。由于釉的收缩率不同导致其在烧制过程中会产生裂缝，所以敲击时震动不连续，从而发出"噗噗"的破碎声，这与均窑的窑变一样都是一种瑕疵，后来转而欣赏这种特有的美感。哥窑多仿古铜器形制，胎厚釉薄，器表有一层不很明亮的酥油层。

辽代瓷器中具有民族特色的主要器型有鸡冠壶、长颈瓶、凤首壶、穿带壶、鸡腿瓶等，其中尤以鸡冠壶最具特色。它源自游牧民族的皮囊壶，所以也被称作皮囊壶。越是早期的鸡冠壶越与其原形相类，发展到后期则越来越脱离原形了。

元代陶瓷的重大发展首先是开创了青花这一类瓷器，并发展成为后世瓷器的主流，这时所创烧的釉里红、钴蓝釉、铜红釉、卵白釉丰富了陶瓷的色彩装饰，开创了后世繁荣的基础。青花和釉里红都是在白色瓷胎上涂绘釉料，再加透明釉，一次性高温烧成。蒙古人始于草原，性格豪爽、好饮，并且所喝的酒酒精度低，所以元代器物，尤其是酒具规格很大，除瓶、罐这样的常见酒具外，新出现了扁形执壶、葫芦形执壶、多棱壶等。元代钴蓝釉的一件代表器物是钴蓝釉白龙纹梅瓶，器物高 24.5 厘米，以蓝为地，器身是留白游龙。该器物的蓝色深沉，白龙在胎上经过划花处理，所以具有立体感，加上蓝、白两色对比鲜明，同时也富有层次感。

明清时期是中国古代瓷器发展的集大成时期，集中表现在对釉色的应用取得的极大成就，发展出缤纷的釉色，但在器型上较少出现具有代表性的器物。因筒瓶被赋予"一统河山"的含义，所以备受皇家喜爱，清代就出现了大量筒瓶。由于不存在功能、技术这样的客观限制，所以任何装饰技法都可以用于包装上，只要不违背社会禁忌。民间故事、花鸟虫草、纹样图案、诗文书法这些装饰题材在任何种类的包装、任何包装器物上都能看到。无论是仿古器型、古代遗留器型，还是对古代器型进行改造后的器型，都是如此。

据文献记载，明宣德年间斗彩创始，开创了釉上施低温彩釉的二次烧造工艺。这种工艺是将釉下青花和釉上矾红结合于一体，先烧青花，然后二次烧釉时上矾红的青花彩瓷。五彩也属于将釉上、釉下彩相结合，但是二者的区别在于，斗彩是以青花为主，釉上彩为点缀、填充的增色作用；五彩中的釉下、釉上彩共同参与图案的构成，没有主次之分，五彩也可单独以釉上彩构成。康熙末年，将从西洋引进的珐琅料用于瓷胎上，被称作"画珐琅瓷"，也即釉上瓷。粉彩同样创始于康熙年间，吸收了画珐琅的制作技法，在含铅粉的"玻璃白"中加入呈色金属，在素胎上作画后入窑焙烧。由于用色浓厚，所以花纹立体，色彩鲜亮明快且柔和，故也被称作"软彩"。单色釉的传统同样得到了不断发展：除了元代创烧的铜红釉外，明清时发展出了两种低温红釉——铁红和金红；低温铁黄釉始于明初，清代一些品种还在黄釉地上加金彩、白彩、五彩装饰，但数量不多，康熙晚期出现了以锑呈色的低温黄釉；蓝、绿色釉依然是以钴和铁分别呈色，但又有新发展；紫釉、黑釉、酱釉也有不同程度的发展，其中仿古器物的釉色几可乱真，对窑变的形态也能够控制。

清代以来所流传的帽筒本是用来放置官帽、礼帽的，后多用来放置鸡毛掸、拂尘等，以陶瓷质最为常见，也有竹、木材料的。

瓶类样式繁多，数量众多，取名优雅的如广为周知的梅瓶和玉壶春瓶，玉壶春瓶因诗句"玉壶先春"而得名，造型呈撇口、细颈、圆腹、圈足，出现于宋代，流行于明清，梅瓶是由于后来被用作插梅花的瓶插而得名，最初的名字应该不是这样的；也有因政治原因而生产的瓶式，如筒式瓶。筒式瓶俗称"象腿瓶"或"一统瓶"，因造型呈直筒状而得名，出现于明代万历年间，流行于清代顺治时期。筒式瓶由于被赋予"大清天下一统"的寓意而成为顺治、康熙两朝的典型器物。清代有三连瓶、四连瓶的样式，大概与折叠屏风的样式不无关系。存放药物的大型药罐、药瓶多为陶瓷的，还有各类随药赠送的小药瓶，上面多有标示药名、店名的文字等。

盒，造型丰富，种类繁多，造型有方形、圆形、椭圆形、长椭圆形、平扁圆形、竹节形、菊瓣形等，其中用来盛放闺房化妆品的种类，因其为女用，所以制作纤巧、秀美，最具特色。印盒是盛印泥的盒子，这是由于古代以印泥压在结合处，以防止消息泄露。印盒以扁圆矮小者常见，体积较小，具体起始年代已不可考，传世品中见有唐代印盒，而宋时已经很兴盛。瓷印盒在清代最为普及，器型较为丰富，或圆或方，品种有青花、五彩、斗彩、粉彩、颜色釉等，以康熙豇豆红，洒蓝釉及乾隆时仿雕漆印盒最为著名。

第三节　陶瓷与酒具

　　酒这种饮料的魅力是不可捉摸的，其状态像水一样，但是醇美的气味、饮用中的迷幻效应和饮用后对人的作用注定酒不会被看作一种凡品。所以自古以来，酒都被视作重要的饮料，但历史表明它也是经过漫长的发展、演变才产生出现在的众多品类。商人重鬼、周人重礼，夏朝及以前的社会思想形态尚未确证，但是可以想象，越是原始的时代，低下的改造能力必然导致人们封建迷信，所以在这一时期，酒被用作贡祭品是自然而然的。尽管如此，酒受重视的程度从来没有降低，不同时期里，人们制作酒具并不吝啬使用贵重的原料、烦琐的工艺。酒具在王室、贵族生活中的应用可以通过流传下来的铭文、历史记载进行考察，但最为著名的是商纣王"酒池肉林"。酒具的形式首先取决于当时的工艺水平，它决定了酒具所能采用的工艺材料和装饰技术，在青铜时代酒具大量为青铜，陶瓷的盛行则让瓷酒具大行其道；其次是社会的影响，如游牧民族的皮囊壶就促使鸡冠壶这种瓷器新品种产生，统治者禁酒与否所带来的社会风气变化则可能对酒具的制造产生直接影响；再者是酒本身对酒具的影响，低浓度的奶酒、葡萄酒使得豪饮具备了物质基础，"兰陵美酒郁金香，玉碗盛来琥珀光"说的就是酒的色泽对酒杯的选择。

　　不同的时代，酒具也不相同。《仪礼·乡饮酒礼》中说，"太古本无酒，以水行礼，故后世因谓水为玄酒，不忘本者，思礼之所由也"。这时的酒大概最多也就是泡过什么粮食的水而已，现今在上坟祭祖时也常以水代酒，似乎是古礼的遗留。但有道理相信，最早的酒应该是自然发酵的果酒，尔后人类根据自然规律探索出粮食酒，从已发现的"猴酒"

来看，也可以相信自然腐烂、发酵是酒的起源。粮食酒的产生应该也是在农作物出现剩余之后，贮藏的谷物在散热不佳的情况下出现了发酵的情况，然后为谷物酒的发明打开了最重要的一个环节。刘安的《淮南子》中说："清醠之美，始于耒耜。"[1]这是真正意义上的酒的开始。蒸馏酒是一个高水平的制酒方式，是将谷物原料酿造后加热蒸馏而得到的更高浓度的酒，俗称"烧酒"。

酒的产生虽然历史悠久，但酒具的历史却要短得多。在陶产生之前大概并没有专门的酒具，酒具只是被临时用于饮酒的一种综合性器具，水器、食器都能当作酒器。植物叶、动物颅骨和角、螺壳、果壳被用作饮器，椰子壳至今在部分地区仍有使用。从觚、觶、觥、觯等字的偏旁也可以看出它们的原形是来自于兽角的。螺壳用作饮器或兼作酒壶，这种风俗自然只能出自沿海地区，卢照邻在《长安古意》中所写的"汉代金吾千骑来，翡翠屠苏鹦鹉杯"[2]，指的就是唐代以海螺为体，利用螺壳外颜色，同时以金镶饰，形成类似鹦鹉的珍贵酒杯。在北京周口店猿人遗址中，鹿的头骨就是用石器打击之后用作饮器，《南史》中记载"盖海中巨虾其头甲为杯也"，可谓原始酒器之遗风。《汉书·匈奴传（下）》记载的"以老上单于所破月氏王头为饮器者共饮血盟"[3]就是以人头为饮器，这在当时显然也不过是一种极端情况，岳飞"壮志饥餐胡虏肉，笑谈渴饮匈奴血"的誓愿如果能实现，大概也会采用这种方式吧。

夏商时代，粮食生产的发展让奴隶主酿酒成为可能，而且，陶、青铜的发展也为酒具的制造提供了条件，所以这时的酒具已有了觚、盉、斝、爵、杯、卣、壶、樽、罍、罐、缸等。西周和春秋战国时期，统治者严禁酿酒，酒具种类下降，质量也随之下降。早期的酒具显然只能是陶器，后来青铜的加工制造逐渐成熟让青铜器成为酒具的主流。一方面器物发展成熟，可以发展出多样品类；另一方面，周朝重礼，不容许在器物上出现混乱的情形，所以，这时的青铜酒具用途专一，分为盛酒、温酒、饮酒三类。这一时期成就最高的

[1] 刘安，等.淮南子[M].北京：北京燕山出版社，2009：312.
[2] 刘以林.全唐诗[M].沈阳：沈阳出版社，1996：167.
[3] 班固.汉书[M].北京：中华书局，2007：939.

是青铜器，商人重鬼，所以器型粗犷凝重，纹饰狰狞，具有极其鲜明的特色，周时重礼远鬼，人的参与越来越多，反映在器物上就是器型风格多样化，纹饰也转为轻快、活泼的风格。

汉晋时期，青铜器被漆器取代，酒具随之而转变，主要有樽、钟、壶、钫、盂、卮、勺、犀、杯等。由于漆器制作周期长，耗工多，成本高，所以南北朝时瓷器的逐渐成熟让瓷酒具成为主流。三国两晋南北朝时的酒具主要是瓮、缸、罐、壶、杯、盏，这时的瓷器已经发展成熟，摆脱了青铜、漆器的影响，发展出本身的特色。晋代酒具中还出现了一种被称作"枪"的温酒器。

唐代时社会繁荣昌盛、对外交流丰富，开创了酒器的新时代，瓷制酒器不仅种类繁多，而且款式新颖、奇特，越窑青瓷，邢窑白瓷，昌南镇青瓷、白瓷都是非常有特色的酒具。当时的达官贵人、文人墨客均以饮茶品酒为乐。如李适之，一名昌，李唐宗室，恒山王之孙，历官通州刺史、刑部尚书，天宝元年任左相，因与李林甫争权失败而罢相，后任太子少保。李适之与贺知章、李琎、崔宗之、苏晋、李白、张旭、焦遂，共尊为"饮中八仙"。据《逢原记》说，李适之有酒器九品：蓬莱盏、海川螺、舞仙盏、瓠子卮、幔卷荷、金蕉叶、玉蟾儿、醉刘伶、东溟样。"蓬莱盏上有山，象三岛，注酒以山没为限。舞仙盏有关捩，酒满则仙人出舞……"[1] 虽然这个不可尽信，但唐时的酒具之丰富或可一窥。唐三彩酒具造型奇特、斑斓绚烂。金银器在唐代的兴盛，也就必然使金银酒具大量被生产出来，成为王室、贵族的时尚之物。唐代酒具的特点相对于其他朝代来说造型雍容华贵、浑圆饱满，唐代的精神、气韵可谓如影随形。

宋代时陶瓷进入大发展时期，此时出现的定、汝、官、哥、钧五大名窑和景德镇窑、龙泉窑竞相媲美。所制酒具品种繁多，款式各异，瓶类就有十多种，如梅瓶、鹅颈瓶、罐耳瓶、葫芦瓶等，壶则有瓜棱壶、兽流壶、提梁壶、葫芦壶等，各色酒注有十数种。辽、金、元三朝属游牧民族，所以产生了具有民族特色的鸡冠壶、鸡腿壶。辽代的鸡冠壶就有

---

[1]　冯贽. 云仙散录[M], 张力伟, 点校. 北京：中华书局, 1998：178.

扁身弹孔式、扁身双控式、扁身环梁式、圆身环梁式和矮身横梁式物种。元代梅瓶造型趋于丰满、浑厚。

　　唐宋以来商业的发达对酒具产生了一定影响，虽然以瓷制作的酒具形制各异，如樽、壶、坛等，但是酒具容积趋于统一，这是一种规模化、标准化的结果。现代产业化的特点就是标准化的生产，这是商业发展到一定程度的必然，显然酒具容积的统一反映了当时商业的发展程度。

　　明清时期制瓷业发达，江西景德镇成为全国制瓷业中心，所生产的大量酒具不但畅销国内，也是对外贸易的大宗货品。明代"景泰蓝"问世，此类器型体积相对较小，盛行于文人的宴会。清代瓷制酒具制造分工比明代更细，无论是在造型还是装饰上，都有独特的风格，特别是在康熙时，形制多变、色釉繁多。此时的金银酒具品种繁多，展现了清代金银工艺的最高水平，现藏于北京故宫博物院的"金錾龙纹葫芦式执壶"是清代皇帝御用器具，还有"金嵌珠錾花杯、盘"是皇帝寿辰时的御用酒杯。

第四节　陶瓷与茶具

　　饮茶，只要不是"牛饮"，除了品味茶叶本身的色、香、味之外，对茶具的重视是不可或缺的。中国自古就有"美食不如美器"的说法，而且饮茶在相当程度上来说是超越解渴这一单纯目的的。因此，选择一种具有较高艺术特质的茶具是饮茶者的一大乐趣所在。好茶一定要用好的茶具泡饮，而好的茶具才能把茶的特色发挥出来，茶具既是实用品，同时也是赏心悦目的观赏品。而且，号称礼仪之邦的中国人除了把茶具当作品茶的必要艺术条件外，待客以茶更是一项必备的礼仪，而以精致的茶具招待，更显主人的敬客之道。《红楼梦》中的"槛外人"妙玉在栊翠庵所拥有的茶具展示了清代茶具的丰富：成化窑的"五彩小盖盅"，官窑脱胎填白盖碗，绿玉斗，九曲十环二百二十节蟠虬整雕竹根的大盏，还有两只古杯。刘姥姥用过的茶具随后被扔掉，而贾宝玉所用的则是妙玉自己用的茶具，茶具成为反映主人好恶的一个表现。

从质地上来说，我国共出现过以陶、瓷、铜、锡、金、银、玉、玛瑙、漆、景泰蓝等为材料的茶具，此外农村包括产茶区在历史上有很多使用竹、木茶具的，当然，与现在一样，陶瓷茶具的数量最大。瓷茶具传热慢，适于保温，釉层不会让茶具对茶产生影响，所沏出来的茶味道醇正，而且瓷本身的特质能够制作出造型优美、装饰精巧的茶具，具有很高的艺术价值。陶质茶具造型雅致、色泽古朴，尤其是紫砂茶具，因其本身的透气性，即使是过夜茶也不会馊，这在古代是具有神奇色彩特性的茶具，被推为陶中珍品。

在中国历史上，很早就有用金、银、铜、铁、锡等金属制作茶具，特别是在唐、宋时期，更成为一种时尚，尤其是皇室贵族，用金、银制作茶具，以显示拥有者的尊贵地位。锡在用作贮茶器具时具有很大优势，锡罐多制成小口长颈，盖为筒状，比较密封，对于防潮、防氧化、避光、隔离异味有较好的效果。现在贮茶也依然多用锡制材料。明人张谦德指出：泡茶用壶，"官哥、宣定（指瓷器）为上，黄金、白银次，铜、锡者斗试家自不用"。但用锡罐作贮茶器具，却为时人所崇尚。明人冯可宾《岕茶笺》云："近有以夹口锡器贮茶者，更燥更密。盖磁罈犹有微隙透风，不如锡者坚固也。"[1] 金、银茶具等虽然有着本身的独特优点，但一方面其价值不是普通人所能负担，另一方面，中国文人士大夫的审美情趣所导引的主流喜好倾向也使得"黄金为次"而"瓷器为上"，所以自清代以后，除边疆少数民族外，茶具慢慢形成以陶瓷为主的局面。当然，边疆地区使用金属茶具的传统也应源于游牧生活的迁移性，陶瓷器具易碎，而金属器具方便携带，此外，将贵金属用于生活用品也是保有财富的一种手段。而农村使用竹木茶具的传统相对于游牧民族的生活方式来说，也是与他们的定居生活相适应的，因为茶、木价廉实惠，即使丢失了也不必可惜。漆质茶具始于清代，主要产于福建福州一带，有"宝砂闪光""仿古瓷""嵌白银"等品种。玉石、水晶、玛瑙等材料制作的茶具工耗靡费，价格高昂，且实用价值不高，故只是摆设罢了。

---

[1] 郑培凯，朱自振. 中国历代茶书汇编校注本（全二册）[M]. 香港：商务印书馆，2007：502.

沏、饮茶具一般是成套的，如果稍作讲究的话，那么贮、煮、沏、饮茶具皆可成套；盏、盖、托成套；陶、瓷、锡、铜等各材质制作的统一样式茶具可套用。如四川"盖碗茶"以铜茶壶、瓷盖碗、锡杯托构成茶具系列，富有趣味。

茶之有书，自陆羽《茶经》始，陆羽将茶文化源流、烹制方法、茶具设置、饮用艺术纳入一种规范化。自此，对这些方面的重视才开始，研究也才真正进行。早期烹饮茶叶的器具与一般日常餐具通常是不分的，后来为适应经常饮茶的需要，逐渐形成一套固定的用具。对于茶具的重视，晋代时就已经出现了，陆羽开始总结各地茶具优劣，设计出一整套实用的茶具。在《茶经》的"茶之具"和"茶之器"中详列了烹饮器具和设备，对其用材、工艺、尺寸，功能和作用作了详细说明。尤其是对于茶碗的选择，他着墨较多，认为越州出产的最好，岳州的较好，鼎州、婺州的较差，寿州、洪州的更差。对于它们为什么好、为什么不及予以评说。对于存放这些茶具的器具提到了两个——具列和都篮。"具列"是用竹木制作的陈列茶具的茶床或茶架，用于室内；"都篮"是指用竹篾编制的存放这套茶具用的篮子，便于室外移动。除了陆羽的这种客观选择之外，对于某些重要的茶具，唐代已经开始专门生产，形成了一些著名的产地。皮日休在《茶瓯》一诗中写道："邢客与越人，皆能造兹器，圆似月魂堕，轻如云魄起。"[1] 邢客与越人即指邢、越二窑。《唐国史补》对于茶具的销售还记录道："巩县陶者，多为瓷偶人，号陆鸿渐，买数十茶器，得一鸿渐。"[2] 可见，陆羽当时就已经成为茶之代表，且当时社会对茶具的专业化生产可见一斑。唐代时，一般生活条件富足的家庭都会备有 24 件茶具，还有方便外出与人斗茶的小橱子。宫廷贵族多用金属茶具，而民间还是多以陶瓷为主。

瓷茶具主要有白瓷、青瓷、黑瓷三种类型，唐代时因为茶色贵绿，所以青瓷受到青睐，当然白瓷也深受喜爱，如杜甫就喜爱白瓷。斗富之风在唐代的盛行，使得贵族家中出现大量的金属茶具，只是不能在社会上普及罢了。而到了宋代，"斗茶"盛行，黑瓷获得特殊的地位。元代时，青白釉茶具较多，黑釉盏逐渐被取代。这是由于"斗茶"风已不盛

---

[1]　彭定求，等.全唐诗（全二册）[M].上海：上海古籍出版社，1986：55.

[2]　李肇，等.唐国史补　因话录[M].上海：上海古籍出版社，1979：34.

行，而重茶水色，所以黑盏反而不佳，明代时水色重黄白色，所以白瓷具最佳，青、黑色的就不利于茶色显现了。由于散茶的推广，促使茶壶诞生，明代中期以后出现了用瓷壶和紫砂壶的风尚。清代时广州织金彩瓷和福州脱胎漆器茶具相继兴起，清代工艺水平在前代的基础上获得了高度发展，曾经对工艺要求很高的器具在此时也能大量制造了。

青瓷是最早成熟的瓷器品种，早在商代就已经出现了原始青瓷，晋代时青瓷茶具开始发展，那时的主要产地是浙江，属越窑。此时流行的是叫作"鸡头流子"的有嘴茶壶，唐代时壶嘴短小，又称"茶注"。宋代由于盛行以茶盏饮茶，所以出现了茶托并得到了普遍使用。青瓷最重要的产地越窑，于唐代后期开始繁荣，尤其是晚唐。所造器物大多通体施釉，釉面莹润，造型规整，胎体密致细腻，尤其是"秘色瓷"这一久负盛名的品种，为时人和后人所痴迷。对于青瓷茶具，韩偓在《横塘》中赞道"越瓯犀液发茶香"，陆羽形容其"类冰""类玉"，认为这种瓷器益茶，其实益与不益还是与唐代时所饮茶的色泽紧密相关。

白瓷产于北方，北方的审美趋向于白是自然的，而且，烧造工艺已使得白瓷在唐代获得了"假玉器"这一称呼，唐代时以陆羽瓷像促销的巩县窑就是生产白瓷茶具的。北宋时，景德镇窑所生产的白瓷白里泛青，质薄光润，雅致悦目。元代时创烧的青花瓷可谓白瓷的一大发展，成为迄今以来最重要的瓷器，广泛用于各种器具。明代时在青花瓷基础上创烧的彩瓷使瓷丰富多彩起来，图绘丰富、胎质细腻。

宋代斗茶之风让黑瓷一跃成为珍品，斗茶因为要观察冲出的茶沫所形成的某种效果，所以，斗茶者们发现建窑所产黑瓷盏最为适宜。建窑盏的釉越往口沿部越薄，在最薄处，釉层厚度已经减少到二分之一以上，所以使得铁、铝扩散，在釉内形成大量莫来石针晶层。釉面形成氧化铁晶体，有时甚至形成一层，其下是一薄层液相分离区，这是建窑盏的普遍现象，这种结构控制了兔毫的生成。斗茶依赖茶叶在冲泡过程中所表现出的美感，文人们用茶水幻化出图案，所谓的"斗"，就是文人之间专注于谁在幻化图案时的技艺更高超，自娱也娱人。《云仙杂录》载"建人以斗茶为茶战"[1]，可见其场面的热闹和斗茶者的高昂情绪。对于黑色茶盏的优点蔡襄在《茶录》中记道："茶色白，宜黑盏，建安所造者绀黑，纹如兔毫，其坯微厚，�之久热难冷，最为要用。出他处者，或薄或色紫，皆不及也。其青白盏，斗试家自不用。"[2]也可想见，斗茶用的是茶沫，白色茶沫在黑色的映衬之下自然对比鲜明，有利于图案表现，而厚盏壁有利于保温，这样图案就能存在稍久一点，而茶叶在热水中自然也就能长久散发出香气了。除兔毫这一类型外，黑瓷根据釉相还包括油滴、灰背等，这都是窑变的结果。

虽然陶历史悠久，其间种类也颇多，但是优质陶茶具却要数陶中的小晚辈——紫砂陶茶具。古时紫砂壶造型简练大方，外形常仿自竹节、莲藕、松枝干、根雕或者上周青铜器，而且其颜色古雅，所以深受人们的喜爱。苏轼居宜兴时，提梁式的紫砂茶壶被命名为"东坡壶"，明嘉靖、万历年间，出现了紫砂壶制作的著名人物供春及其徒弟时大彬，清代紫砂壶大家陈明远和杨彭年的作品驰名于世。由时任江苏溧阳知县的陈曼生设计，然后由杨彭年制作，再由陈曼生刻画书画图案于壶壁，所制作而成的作品被称作"曼生壶"，为鉴赏家所珍视。除了这些名家外，明万历时还有时称"四大名家"的董翰、赵梁、文畅、时朋，后来李仲芳、徐友泉与时大彬被称作"三大妙手"，清代还有杨凤年、邵大亨、黄玉麟、程寿珍等，近代有顾景洲、朱可心等。紫砂壶茶具的式样繁多，其制作遵循"方非一式，圆不一相"的原则。在壶壁上刻花鸟、山水、书法等始自晚明、盛于清嘉庆以后，逐渐成为紫砂壶制作的必然装饰范式，因其极符合文人士大夫的喜好，所以众多诗人、名家亲自题诗刻字。

[1] 中国茶书全集校证[M].方健，汇编校证.郑州：中州古籍出版社，2015：269-270.
[2] 蔡襄.茶录[M].唐晓云，整理校点.上海：上海书店出版社，2015：169.

第五节　包装与酒茶文化

　　酒与茶是中国人最钟爱的两种饮料，自古至今，嗜之者大有人在。如果追溯它们的起源，那么，制作过程的难易程度决定了酒要早于茶。据考证，最初的酒并不是人工酿造的，而是野果堆积腐烂时糖分发酵产生的酒液，这可谓最原始的酒。这种闻之香气飘逸、品之味道醇厚、久之难舍的液体，从它诞生之时起，就注定成为一种令人痴迷的饮料。醉酒后的癫狂所造成的麻烦从来不少见，但酒并未因此而被打入冷宫，正如嗜酒的殷纣背负千古骂名，而"李白斗酒诗百篇"则永远能让后世文人墨客对李白的潇洒不羁追想不已。爱屋及乌，对酒的浓厚感情让中国人对酒具也同样抱有极大兴趣，而且，注重礼仪的中国人历来讲究饮食用具，如《礼记》称"陶器必良"[1]，《随园食单·器具须知》中袁枚认为"美食不如美器"[2]。酒具不仅仅是一种盛酒、储酒的容器，它融入生活的同时也融入了文化，融入语言的同时也融入了思想，当一种器物已然成为社会规范的一部分的时候，影响它发展的也就不再只是直接的神经刺激。

　　酒文化不只是围绕酒所派生出的文化因素，酒在文化发展中所具有的推广、促进作用让酒文化产生出不可小觑的深层内涵。"雄论篇篇披大略，高谈句句展良筹"，在酒的催化作用下酒入肠中，忧自心来，酒入愁肠心更忧，忧上心头酒复饮，将醉未醉时，眼神睨杯而饮，人的各种感情也都醇厚了起来。在这时，酒的作用开始发挥，文学创作进入迸发的最佳状态，发平日之所想，言未饮之时所感。李白在高颂酒在他进行诗的创作时的无穷魅力时说道"李白斗酒诗百篇"，女词人也意兴盎然"常记溪亭日暮，沉醉不知归路""三杯两盏淡酒，怎敌他晚来风急""东篱把酒黄昏后，有暗香盈袖。莫道不消魂，帘卷西风，人比黄花瘦"。曹操的著名诗句《短歌行》记叙了建安十三年冬十一月十五日晚，在赤壁战前会众将，执槊立于船而赋。曰："对酒当歌，人生几何！譬如朝露，去日

---

[1]　张树国.礼记[M].青岛：青岛出版社，2009：78.
[2]　袁枚.随园食单[M].周明鉴，注释.北京：中国广播电视出版社，2013：18.

苦多。慨当以慷，忧思难忘。何以解忧？唯有杜康。青青子衿，悠悠我心。但为君故，沉吟至今。呦呦鹿鸣，食野之苹。我有嘉宾，鼓瑟吹笙。明明如月，何时可掇？忧从中来，不可断绝。越陌度阡，枉用相存。契阔谈讌，心念旧恩。月明星稀，乌鹊南飞。绕树三匝，何枝可依？山不厌高，海不厌深。周公吐哺，天下归心。"[1] 时曹操已年过半百、官至丞相，但大战当前，虽处执掌历史之际却心怀莫名忧虑。烂醉之后，"以手推松曰去""酒友相傍夜归家"，这似乎是文人陶醉的一种理想镜像之一，这些醉意阑珊时的可爱景象引人去想象他们在喝酒过程中态度、言语、行为的变化。

酒具所派生出来的酒文化一是对精美酒具材质本身的痴迷；另一个是由酒所触发的对酒具的迷恋。中国古代传说中总是少不了"夜明珠""避风珠"之类源于文人遐想的虚幻迷人物品，这些东西其实大多是对常识所解释不了的现象的一种魔幻化解释。"夜光杯"这一酒具就往往是文学作品里侠士们盗取的奇宝，由于其罕见，而相对于金银那些虽贵重但却显俗气的酒具要更为雅致，所以这种酒具也就比金银宝石酒具要贵重得多。唐代诗人王翰在《凉州词》中对它赞颂道："葡萄美酒夜光杯，欲饮琵琶马上催。醉卧沙场君莫笑，古来征战几人回。"[2] 其实"夜光杯"一词是根据西汉文学家东方朔写的《海内十洲记》中"周穆王时，西胡献昆吾割玉刀及夜光常满杯，……杯是白玉之精，光明夜照"而得名。夜光杯的特点是抗高温，耐严寒，盛烫酒不炸，斟冷酒不裂，碰击不碎。如在夜晚，对着皎洁月光，把酒倒入杯中，在皓月的映射下，清澈的玉液透过薄如蛋壳的杯壁熠熠发光。顿时，杯体生辉，光彩熠熠，令人心旷神怡，豪兴大发！从字面理解杯子是会发光的，那么做杯子的玉石就是应该会发光的，所以，普遍观点都认为夜光杯是用自身会发光的玉石做成的，故有人就觉得是萤石做的。因为萤石是一种含磷光的自身会发光的石头，将盛满酒的夜光杯放在清澈如水的月光下，会闪烁出异样的光彩。但是书中所提到的玉杯是白玉之精，应该是透度比较好的玉石。从现有出土的酒杯来看，也没有看到有萤石的，还是以和田玉为主料加工而成的玉杯，有的器壁很薄，有的质地很好，而且一般墓葬出土都是成对出现。

[1] 刘高杰.国学经典集锦[M].北京：光明日报出版社，2015：244.
[2] 卢盛江，卢燕新.中国古典诗词曲选粹·唐诗卷[M].合肥：黄山书社，2018：168.

中 国 传 统 工 艺 与 包 装 文 化

要解释夜光杯的发光原因，其实只要从物理现象讲起就能解释出来。当光线以零度到正负九十度从空中射入水中，光线发生折射现象。以垂直为零度，那么在通过水正负九十度入射的时候，光线发生了折射，而折射角都小于四十九度，那么从水面上照下去的光线都以正负四十九度的角度在水面下透射，所以在水体的一半以下看到光亮大于正常光，而水体一半以上是暗的。射入水面的光线通过折射表现在器物下面的三分之一段上，看上去亮度更高，就误认为是杯子自己发光的。显然，用现在的物理知识解释，这只是由于光通量大的原因，是一种普通光学现象而已。而古代在晚上"举杯邀明月"的时候，就着月光看到杯子的下面晶莹透亮，无法解释这种现象，就误以为是杯子自己在发光，一杯酒喝下去了，就没有光亮了，只有用夜光杯来形容。

绍兴花雕以酒坛外面的五彩雕塑描绘而得名，色彩斑斓，图案题材多样。这一酒具不仅为绍兴黄酒增添了诱人的装潢，也为绍兴镶了一道独特的光环，糅合着绍兴浓郁的民俗，展示出一幅令人神往的风情画卷。绍兴花雕是从我国古代女儿酒演变而来。宋代时绍兴家家都有酿酒的习惯，每当一户人家生了女孩，在满月之际，便把酿得最好的黄酒装在陶制的坛内，经密封后埋入地下储藏。待女儿长大出嫁时，再从地下取出埋藏的陈年酒，请当地民间艺人在酒坛外刷上大红大绿的颜色，写上一个大大的"囍"字，作为迎亲婚嫁的礼品，人称"女儿酒坛"。这一习俗代代相传代代发展，成为绍兴一带婚嫁喜庆中不可缺少的民风民俗。明清时期，女儿酒坛上出现了彩墨绘画，"画坛酒坛"应运而生，酒坛外面施以色块装饰及平面绘画，颇受人们欢迎。清代《浪迹续谈》中便有"最佳者名女儿酒，相传富家养女，初弥月，开酿数坛，直至此女出门，即以此酒陪嫁……其坛常以彩绘，名曰花雕"[1]的记载，可见最迟至清代，已将画花酒坛正名为"花雕"。晚清时期，绍兴籍著名画家任伯年父子，以《水浒》中的"武松打虎"为题材连环描绘故事，从此，我国古代历史典故的人物画像相继出现在花雕酒坛上，大大开拓了花雕酒的应用范围。从民间的婚嫁礼品，逐渐扩大至祭祀、做寿、建房、开业等日常喜庆活动，靠绘制酒坛度生

[1] 梁章矩.浪迹丛谈 续谈 三谈[M].陈铁民，点校.北京：中华书局，1981：317.

· 062 ·

的民间画工也开始出现，不少酒作坊也经营起花雕生意。

中国的等级性由来已久，为区分饮酒过程中的等级，在座位安排和酒器摆放上都有严格规定。《礼记·玉藻》称："凡尊必尚玄酒，惟君面尊，惟飨野人皆酒。大夫侧尊用棜，士侧尊用禁。"[1] 意即盛酒的尊要面对君王，倒酒时让酒从君王面前流出，象征君王将恩惠赐给臣子。大夫、士在尊的两侧，君王用的是罍，大夫用棜，士用禁。在一般场合下所讲究的斟酒礼是先给长尊者斟，然后从宾主的右侧开始，自右向左方向依次斟酒，斟酒时要右手执壶徐徐倒出，酒要斟满。碰杯的酒礼大概是从西方传入中国，因为古罗马贵族在决斗前要先喝杯酒，喝前倒一点给对方，以证明酒中无毒，后演化为碰杯。中国则是双手持杯，恭举于身前，"举案齐眉"这种恭敬的姿态大概是最标准的了吧。当然，饮酒的场面并不是都这样严肃，在饮酒过程中，为了增加娱乐性，派生了很多文化活动，如猜拳、行酒令等。为防止有人不饮或少饮在酒具器型上也有所设计，如爵、斝上有柱，当两柱碰到饮酒者面部的时候，杯子的倾斜度就会使杯内所有的酒都倒出来，所以有人推测它的作用是为了防止饮酒的人饮而不尽所设计的。"觥筹交错"形容的就是在宴饮时，一边投酒筹一边饮酒的场景，"飞觞、飞盏、飞觥"显然是宴会气氛非常热烈时才将这些酒具"飞"来"飞"去。

制茶、饮茶方式在中国有上千年的历史，在此过程中，方式不同使用的茶具也不相同，不同茶具所引起的是不同的过程，而不同的过程所引发的感受也自不相同，由此所产生的茶文化也就各有特色。对于中国茶文化的认识和理解，也就应随茶具变迁而展开。对于茶文化，似乎在日本流行的"茶道"一词是其代表，至于中国的茶文化，则近于渺不知所以。"茶道"是一种以茶为媒介物的生活礼仪，也被认为是修身养性的一种方式，它通过沏茶、赏茶、饮茶来增进友谊、修心养德、学习礼法，是一种很和美的仪式。中国自古重道而轻器，老子曰"道可道，非常道"[2]，在唐代就有了"茶道"这个词，《封氏闻见

---

[1] 张树国.礼记[M].青岛：青岛出版社，2009：134.
[2] 老子：《道德经》，第9页。

记》中有"又因鸿渐之论,广润色之,于是茶道大行"[1]。唐代刘贞亮在《饮茶十德》中明确提出:"以茶可行道,以茶可雅志。"[2]在唐朝,寺院僧众念经坐禅,皆以茶为饮,清心养神。当时社会上茶宴已很流行,宾主在以茶代酒、文明高雅的社交活动中,品茗赏景,各抒胸襟。

早期的制茶方法是直接烹煮鲜茶叶,像煮一般的菜一样"羹饮"。当时先民们还处在原始部落时期,农业或许还没有出现,狩猎不足以获得足够食物,而采集则成为获得食物的重要途径。当发现茶树的叶子无毒能食的时候,茶叶只是采集食物中的一种,谈不上去享受茶叶的色、香、味,所以还不能算饮茶。而当人们发现茶不仅能祛热解渴,而且能兴奋精神、医治多种疾病时,茶开始从食粮中分离出来。"神农尝百草,日遇七十二毒,得茶[3]而解之"的传说即是说在神农尝百草的时候,茶成为解百毒的良药,每次神农中毒之后都以茶来解。这个传说夸大了茶的药用功能,但也可以说是茶作药用的一个古老遗证。在日后,随着医学的发展,茶的药用功能更被挖掘出来。唐代即有"茶药"(时写作"茶药")一词,宋人林洪所撰《山家清供》中,也有"茶,即药也"[4],《神农本草经》曰:"茶叶苦,饮之使人益思,少卧,轻身,明目。"[5]华佗《食论》:"苦荼久食,益意思。"[6]如此等等记载表明,茶都还是被用作药的。魏晋以后,茶的主要功能已经逐渐转移到饮料上,但是药用功能仍时时被强调。《茶经·卷上·茶之源》曰:"若热渴、凝闷、脑痛、目涩、四支烦、百节不舒,聊四五啜,与醍醐、甘露抗衡也。"[7]《唐本草》《千金药方》《本草纲目》等数十种文献里也都有茶药用的记载。煎茶汁治病,是饮茶的第一个阶段,当然茶叶在这时是不会被加工的,它或许是被直接采摘煎用,或者是

---

[1] 封演.封氏闻见记[M].张耕,注评.北京:学苑出版社,2001:53.

[2] 邢湘臣:从刘贞亮"茶十德"谈起[J].农业考古(中国茶文化专号),1991(4):36.

[3] "茶"字最开始并不存在,名称各异,战国后期时"茶"字才逐渐成为茶的专名。唐开元年间"茶"字才出现,陆羽曾采用"茶"字,随着《茶经》影响的扩大,"茶"字才被普遍接受。

[4] 林洪,章原:山家清供[M].北京:中华书局,2013:195.

[5] 吴普.神农本草经[M].孙星衍,孙冯骥,辑.北京:人民卫生出版社,1982:23.

[6] 李昉,等.太平御览(全四册)[M].北京:中华书局,1960:3843.

[7] 陆羽,沈冬梅.茶经[M].北京:中华书局,2010:16.

晒干以防腐的黄色叶子。这个阶段里，茶是药。当时茶叶产量少，也常作为祭祀用品。这时的茶无论是用作食物还是药，都没有当作饮料，茶叶的味道也不会去过分品味，即使味道不佳，人们也会认为像药苦是必然的一样。显然，这时的茶具都是用普通烹煮具制作的，饮用的器具也就是用一般饮具，不会有专门的茶具。

先秦时期，茶从药物转变为饮料。当时的饮用方法，可能像郭璞在《尔雅》注中所说的那样"可煮作羹饮"[1]。也就是说，煮茶时，还要加调味的作料，煮成汤喝。从饮茶地域上来说，秦汉统一全国之后，茶的加工、种植开始从西南的巴蜀向东部、南部传播。三国、两晋时，长江中游地区日渐取代巴蜀而成为茶的中心，唐中期时获得了普遍性的扩展。至唐代，还多用这种饮用方法。我国边远地区的少数民族多在唐代接受饮茶的习惯，故他们至今仍习惯于在茶汁中加其他食品。封演在《封氏闻见记》中记载："古人亦饮茶耳，但不如今人溺之甚；穷日尽夜，殆成风俗，始自中地，流于塞外。"[2] 可以想见，茶叶尽管是一种饮料，但仍是一种类食物的能量补充方式。只有在进入阶级社会之后，一方面食物逐渐丰富，另一方面出现了有闲的阶级，这样，才可能对茶注重，出现专用于茶的贮存、煮饮的器具。这些器具主要是煮茶的锅，饮茶的碗和贮茶的罐等。

三国时已经开始饮用饼茶，唐代开始流行，盛于宋代。这种方法是将采来的茶叶经过"蒸青"或"捞青"软化制成饼，然后晒干或烘干，饮用时再碾末冲泡，并加上佐料调和饮用。晚唐著名诗人皮日休在他的《茶中杂咏·序》中说："季疵[3] 以前，称茗饮者，必浑以烹之，与夫瀹蔬而啜者无异也。季疵始为经三卷，由是分其源，制其具，教其造，设其器，命其煮……以为之备矣。"[4] 这就是说，在陆羽之前，饮茶就像煮菜汤一样。不过，在陆羽的《茶经·七之事》里引三国时的《广雅》文曰："荆巴间采叶作饼，叶老者，饼成以米膏出之。欲煮茗饮，先炙，令赤色，捣末，置瓷器中，以汤浇覆之，用葱、

[1] 郭璞. 尔雅[M]. 王世伟，校点. 上海：上海古籍出版社，2015：158.

[2] 封演. 封氏闻见记[M]. 张耕，注评. 北京：学苑出版社，2001：63.

[3] 陆羽（公元733—804年），唐复州竟陵（今湖北天门）人。字鸿渐、季疵，一名疾，号竟陵子、桑苎翁、东冈子。

[4] 童正详，周世平. 新编陆羽与茶经[M]. 香港：香港天马图书有限公司，2002：90.

姜、桔子芼之。其饮醒酒，令人不眠。"[1] 可能在陆羽之前这种与唐时饮茶方式相类的习俗还只是局限在个别地方，不具普及性。《茶经》问世以后，对于茶的生产、茶具、制茶方法、烹饮艺术、茶文化源流，开始普遍重视和讲究起来。

唐代的饮法是煮茶，即烹茶、煎茶，所饮的茶仍有添加葱、姜之类的方式，也有纯饮茶水的，但是蒸青制茶法已经成熟。晴天将茶采摘下来，蒸过后将茶叶捣成末拍成茶饼，再将茶饼串起来，焙干后封存。根据陆羽《茶经·三之造》记载，唐代茶叶生产过程是"晴采之，蒸之，捣之，拍之，焙之，穿之，封之，茶之干矣"[2]。这样茶叶原有的青草味就去掉了，但不足之处是在捣末时必然损失茶的部分成分，这要等日后炒青法出现后才解决这个问题。由于"饼茶多以珍膏油其面"，所以烹茶前先将饼茶放在火上烤炙，去掉饼茶上的油膏。炙茶的过程分为如下几步：一是用特制的三足鼎式火炉（铜、铁、泥材质）；二用一端有竹节的"一尺二寸"的小青竹片，无节端剖为两片，用以夹茶饼炙烤；三要用文火均匀炙烤茶饼，直到茶饼发出香味为止；四是将炙好的茶饼趁热放在特别的纸袋里，晾凉后方可碾末煮饮。茶碾有银质、铁质或石质、铜质，碾子类似药碾。将茶饼碾碎成粉末后，再用罗筛筛成细末。法门寺曾出土过一个银质小茶罗，类棺形，有盖，里面是银筛子，筛子下面是一个接罗出的细茶末的小抽屉。宋人周必大在《次韵王少府送焦坑茶》有"敢问柘罗评碧玉，待君回碾试飞尘"[3]，即是描述碾茶。煮时，一看水泡多少，二听水开时的声音。当水面出现像鱼眼一样细小的水珠，并"微有声"，称为一沸。此时加入一些盐到水中调味。当锅边水泡如涌泉连珠时，称为二沸，这时要用瓢舀出一瓢开水备用，以竹夹在锅中心搅拌，然后将茶末从中心倒进去。稍后锅中的条水"腾波鼓浪"，"势若奔涛溅沫"，称为三沸，此时要将刚才舀出来的那瓢水再倒进锅里，一锅茶汤就算煮好了。如果再继续烹煮，陆羽认为"水老不可食也"。最后，将煮好了的茶汤舀进碗里饮用。前三碗味道较好，后两碗较差。五碗之外，"非渴其莫之饮"。宋代由于不用敞口

---

[1]　陆羽，沈冬梅.茶经[M].北京：中华书局，2010：116.

[2]　陆羽，沈冬梅.茶经[M].北京：中华书局，2010：39.

[3]　李心传.建炎以来朝野杂记[M].北京：中华书局，1985：181.

的釜煎茶，而用细颈瓶，所以主要靠听声音。这是当时社会上较盛行的饮茶方法。与今天饮砖茶的方法是一样的，但这时以汤冲制的茶，仍要加"葱、姜、桔子"之类拌和，可以看出从羹饮法向冲饮法过渡的痕迹。茶煎好了之后，要向茶盏中"分茶"，分茶之妙在于分"汤花"。汤花细而轻的称"花"，薄而密的称"沫"，厚而绵的称"饽"，后者味道最好。分茶后，茶盏里的茶汤在下，似雪的汤花在上漂浮，让人赏心悦目。

　　唐代中叶以前，陆羽已明确反对在茶中加其他香调料，强调品茶应品茶的本味。这说明当时的饮茶方法也正处在变革之中。纯用茶叶冲泡的茶，被唐人称为"清茗"。饮过清茗，再咀嚼茶叶，细品其味，能获得极大的享受。宋人以饮冲泡的清茗为主，羹饮法除边远地之外，已很少见到。因为这时已经有了专用茶杯，所以为防止茶杯烫手，又出现了茶托，便于端饮。陆羽在《茶经》里列举了当时盛行、且经他确认的煮茶、饮茶器具共29种之多，这显然是由当时的煮饮方式决定的。

　　宋代盛行的是点茶法，即将饼茶碾碎冲泡，但这时的乐趣和技巧性比唐代要高得多。唐代是用茶末煮饮，宋代则是将茶末放置在茶盏内，然后用茶瓶里的沸水一点一点往茶盏里滴水，同时用竹片搅动茶末，边点边搅，茶沫泛起，所以还被称作"点拂"。点拂高手不仅能点出花鸟虫鱼、山川草木，纤巧如画，还能同时点四个茶杯，最后点出一首诗，所以被称作"茶百戏"，也叫水丹青，可见其巧妙。这种茶戏也被称为"斗茶"，为文人士大夫所着迷，而福建则又更盛，故建窑黑盏由此被发现并成为"斗茶"人们的最爱。

　　明代时，由于明太祖朱元璋认为制作贡团茶"重劳民力"，因此诏令"罢造龙团，惟采茶芽以进"，从此一改宋元以来的饼茶为散叶茶，制茶方式也由"蒸青"而为"炒青"，成为迄今以来一直沿用的制、饮茶风、茶俗。饮茶时专用一室作"茶寮"，讲求文人气质、僧道名士风流，这对民间自然也产生了相当大的影响，形成风尚。按明人高濂的《遵生八笺》记述，茶寮里要"内设茶灶一，茶盏六，茶注二，余一以注熟水。茶臼一，拂刷、净布各一，炭箱一，火钳一，火箸一，火扇一，火斗一，可烧香病。茶盘一，茶橐二"。明人冯正卿，经明入清，著有《岕茶笺》，对当时的饮茶习俗有详细记录。文中记道："先以上品泉水涤烹器，务鲜务洁；次以热水涤茶叶，水不可太滚，滚则一涤无余味矣。以竹箸夹茶，于涤器中反复涤荡，去尘土、黄叶、老梗，使净，以手搦干，置涤器中，盖定，少顷开视，色青香烈，急取沸水泼之。夏则先贮水而后入茶叶，冬则先贮茶叶而后入水。"[1]南方沿海地区盛行的工夫茶，其冲泡方法是"先将泉水贮于铛，用细炭煎至初沸，投茶于壶内冲之，盖定，复遍浇其上，然后斟而细呷之，其饷客也"[2]。可见，即便是工夫茶，相比明代已有改变，而这种方式已经跟现在普通饮法相差不多了。

[1] 郑培凯，朱自振.中国历代茶书汇编校注本（全二册）[M].香港：商务印书馆，2007：503.

[2] 陈彬藩.中国茶文化经典[M].北京：光明日报出版社，1999：781.

第五章　纤维类包装

第一节　从平面到立体

　　纸和布（包括皮革）是生活中较为常见的包装材质，可以与多种素材相搭配，装饰方法多样，形状各异，用途非常广泛。例如，纸类包装可用于包裹食品、茶叶、草药、书画文玩、生活器皿等，但因纸张质地较轻薄，容易破损，所以也经常与其他硬性材料粘贴拼合，使其更加结实、耐磨。与纸相似，布类材料也是一种被经常使用的包装，多为袋形，袋口或系扎或缝合，轻便而随意；此外，还可直接铺盖在物品上，既可防尘，又能起到减少磨损的功效，如民间家居常用的镜帘、椅套、桌围等。

　　纸布包装不仅应用广泛，而且历史极其悠久，是中国传统包装中的典型品种。据史书记载，纸的出现应在西汉初期，早于蔡伦造纸近几百年，但这时纸的质量普遍较差，且制作繁复，不易于书写和绘画。例如最早出现的麻纸便不具备书写的功用，粗糙的质地会使墨水洇蔓开来，甚至无法辨认。因此，用纸做书写材料应该是经过了一段较为漫长的实践过程，直到出现更精良的纸质品种，纸才逐渐成为中国文字记录的主要载体。由以上种种推知，纸最早的功用可能是充当包裹材料，或作其他杂事之用，如引火、清洁等。与纸包装类似，布类包装的应用也极为普遍。早在新石器时代，纺织制品就已经被用于包裹生活器皿或贵重物品。虽然布类材料极易腐化，但仍然可以从一些出土的陶器和青铜器上找到织物的痕迹，其中一些还绘有装饰性的花纹和鲜亮的色彩。而皮革作为包装材料使用，其历史更加久远，从旧石器时代出土的骨针推断，当时的人们已懂得简单的缝纫技巧，除了制作衣物用来遮体、保暖外，也可能以兽皮充当包装材料，包裹食物或其他生活用品。

纸布包装最具特色之处便是在制作过程中呈现的多样化形态，概括而言这是一种由"平面"到"立体"的变化过程。"平面"指的是在充当包装材料之前所具有的原始形态。而"立体"则是指成型后的包装物，它具有两种塑造方法：一是依据器型进行外观设计，使之更加轻薄适体，便于随身携带，最典型的例子便是民间使用的包袱皮；二是不依器型变化，自由选择形态、样式，但在包装内部也可通过填充或剔挖的方法，使器物紧贴包装，放置更加稳固，多用于玻璃或陶瓷类的易碎物品，此种包装形式称为"卧囊"，使用材料为布和纸，或者木板、竹板等。

纸布包装所具有的成型特点，主要源于其所具有的材质属性。因为无论是纸、布还是皮革，都具有柔软、轻薄的特性，较之其他包装材料具有更为出众的可塑性和延展性，且成型过程简便而迅捷。纸包装塑形主要采用折叠、黏合、拼插等技法；布类包装采用的是剪贴、缝合或直接挽结扎系；皮革类材料，则是在技法上融合了以上多种形式。此外，还可通过加温压膜成形，如故宫博物院收藏的一套髹漆皮胎餐具就是采用的此种工艺。根据纸布材料的特性，这类包装的外表修饰主要运用平面化的处理方法，但又因材料不同而呈现不同效果。纸包装多以绘、印作为装饰手法；布类材料除可使用以上两种装点技法外，还可通过各色丝线在布面绣出艳丽的图案，因为针法不同可促使其产生凸起的浅浮雕效果；皮革类材料既可绘制，又可绣染，并且因其质地较厚，还可以在皮表髹饰纹样，使之更加坚固耐磨、光滑亮丽。

第二节　纸类包装

　　"纸"，原指"帛"（细绢与丝织物的总称），也即漂洗蚕茧时附着于箩筐底的絮渣。许慎在其所著的《说文解字》中，把纸解释为人们在漂丝时残留在竹席子上的一层碎丝绵，晾干后所形成的一张薄片。将这种黏附在席子上的薄丝绵片加以利用，最初可能是无意，后来就变成了有意识地加工，制成一种漂丝的副产品，当时称之为"纸"。后来又出现了成本低廉的"幡纸"，它是由大麻絮与苎麻絮制成的，主要用于记录和书写，早于蔡伦发明的"蔡侯纸"。至东汉安帝永宁年间，蔡伦开始尝试以树皮、渔网、破布、麻头造纸，获得了突破性的进展，纸的质量得到了更大的提高。公元 200 年后，山东人左伯所造的"左伯纸"，用黄檗水浸染，色泽偏黄，具有防虫、防腐的功效。后人把这种加工技法称为"潢"，汉代刘熙在《释名》中将其解释为"染纸"之意，此后这种工艺被广泛应用于书籍纸张与字画装裱。

　　目前，从出土的西汉古纸来看，其功用主要有两种：一是取代荷叶、树叶、布帛等作为包装材料或内包装填充材料；二是取代"帛"作为书写、绘画的材料。在现今可见的出土物中，用于书写与绘图的主要有"查科尔帖纸""放马滩纸"和"悬泉纸"，用于包装物品的有"灞桥纸"和"中颜纸"。其中，最为著名的当属"灞桥纸"，它是西汉武帝时期的遗物，纸质粗糙，色泽微黄，没有字，用来包裹随葬铜镜。"中颜纸"也被用来包裹铜器，但较之前者质地更好，洁白柔韧，有帘纹，出土于陕西扶风县中颜村汉代遗址。除了包裹铜器，使之免于划磨损伤外，纸张还被用来包裹药丸。《汉书·外戚传·孝成赵皇后》中载有"匣中有裹药二枚，赫蹄书"，其中"赫蹄"一词，应邵译为"薄小纸也"。这段话的意思是，在药匣中装有两枚药丸，以薄纸包裹，上面还写有文字。虽然目前对这一解释还存有疑义，但是我们仍然可以从出土的实物中找到早期的包装纸：在今新疆唐墓中发现一枚药丸，其外包以白麻纸，并写有"萎蕤丸"的字样，这是一张较完整的包装纸。

　　因为纸材料的易腐性，今天能见到的古代包装实物非常稀少，这为我们的研究带来了一定的困难。但是，从一些文献资料中找寻到的相关记载却为之做出了有效的补充，可以同实物资料相互印证。

在印刷技术还不成熟的时代，纸袋包装大都是纯色的；讲究一点的，可能绘有某些装饰图样，或仅以文字标记。例如，上文所说的药丸包装，便是在白麻纸上写有文字，以此表明产品的名号。隋唐时期，我国的造纸手工业遍及全国。麻纸仍是这时的主要用纸，有白麻纸、黄麻纸、五色麻纸等多类品种。由此推断，此时的包装纸料在色彩上可能使用的是一种天然色，它是通过不同造纸技法呈现的颜色变化，以黄色为主，此外还有绿色、红色、淡蓝色、粉色等多个品种。

在唐代，纸包装被广泛应用于日常生活和商业领域。在千佛洞发现的 15000 多件文书中有载：公元 835 年唐文宗时，纸不仅用于书画，而且被广泛用于包裹食物、茶叶和中草药。当时用于包装茶叶的被称为"茶衫子"；陆羽所著的《茶经》中还有以"纸囊"包裹茶叶的记载，即用质地白厚的上等剡藤纸做成双层纸袋，贮放烤好的茶叶，使之香气长存，同时也便于茶叶的销售。当时人们不仅用单层纸包裹诸如食品、医药等零售小商品，而且还出现了用多层纸裱糊在一起制成的纸盒、纸笪笋、小型纸缸、纸坛等包装容器。

宋代，伴随着商业的繁荣发展，纸质材料被更加广泛地应用于商业领域，而且纸张的设计与包装结构也更趋于完善和成熟。例如，宋时有"卖五色法豆，使五色纸袋盛之"的记载，说明当时的包装设计不仅考虑到纸张本身的精美，而且还特别注重细节上的巧思，做到商品与包装物的完美契合。但是，用于包装的纸不同于书写用的纸，制作材料一般较为廉价，多以草料为主。纸的大量生产，也使纸制品的种类不断翻新，这时的纸已不再仅仅用于绘画、书写，还出现了纸衣、纸帽、纸被、纸帐、纸枕、纸糊窗等纸类产品。如果我们可以把保温、保暖也视为一种包装的话，那宋代流行的纸帐也是一种包裹物品，其用途类似于蚊帐，但一般都在冬天悬挂，用于避风、保暖，并且这种厚实的纸帐还具有装饰美化的功用，可用来题诗、作画，在宋代文人眼中应是极雅的行为。当时的许多火器也用纸作包装材料，其形状为管型，类似于今天所见之爆竹，里面装有易燃的火药和石灰。此外，还有一种用来保护和贮藏蚕种的纸，被称为"蚕种纸"，它始于元代，包装方法是将蚕卵黏附在厚桑皮纸上，粒粒铺匀，谓之"蚕连"，卷好收起以待来年育蚕。

雕版印刷的蓬勃发展，使包装纸在外观设计上变得异常绚烂美观，不仅可以保护商品，同时也具有了更为鲜明的标志性。但是，最初在包装纸上见到的标志只是一种如印章般的记号，以便区分产品的生产者。随着商品交换的进一步发展，商品的标记也日趋复杂，出现了在产品上用行铺或作坊的名称作为标记的情况，有的采用文字，有的采用图案，或者图文并用。例如，宋代山东济南的一家专门出售功夫用针的店铺，因门前有一石质白兔，即以"白兔"作为商标的印记。整张商标纸采用铜铸模版，版面除插图外，共有44字；铜版四周以双线为框，版面分三格，上刻有作坊名号"济南刘家功夫针铺"；中格刻有白兔捣药标志和"认门前白兔儿为记"文字，指明针铺具体地址；下格刻有宣传文字"收买上等钢条，造功夫细针，不误宅院使用"等内容，图形标记鲜明，文字翔实具体，介绍了产地、原料、质量、使用效果、优惠办法等。这是集包装、仿单、招贴于一体的印刷品。另外的两件纸类包装实物，发现于湖南省沅陵县的一座元代古墓，其正、背面皆印有清晰的图案与文字，主要介绍了店铺的地址和产品特征。全文不到70字，言简意赅，一目了然，是早期包装纸中的典范。由此可见，印刷技术的出现不仅使包装纸具有视觉上的美感，同时也使其承载了更多的商业信息，对纸类包装的推广和普及起到了极为重要的作用。

明清两代雕版印刷技术在不断实践和探索中有了更大飞跃。版面设计更趋精工、合理，套版印刷、饾版印刷、拱花技术的出现，使版面色彩更加丰富多变。乾隆以后，近代印刷术从国外输入中国，但"雕版彩色套印"仍然具有强大的生命力，私人开设的小厂和民间装潢大多采用此法。清代药店在包装药材时便使用了雕版技术印制方单，每位一包，包内附有药材名称、药性等简单扼要的说明文字，有些还配以图画作补充说明；同时，数个药包又经常被裹成一个大包，上面再附一份约十厘米见方的大仿单，捆扎结实后一并交给顾客。此种层层包裹的形式，不仅可以更有效地保护药材，同时也起到了提高信誉、推销产品的作用。此时的包装设计，虽然还略显简单，但已开始关注包装图样与产品之间的切合点，并且在颜色上也具有了诸多创新。例如，清末的一些糕点铺包装，使用的便是木版或石版印制的"门票"类小纸，以红色或淡绿色居多，上配黑或金色字体、图案；格式常为屋脊形线框，其内标明字号、地址及广告词，既点出了产品的大概性质，又具有装饰上的美感。

　　一般而言，这时所见到的产品包装，大多采用传统木版年画、历画等形式，用工笔国画参照木版年画等表现手法绘制。表现内容主要为吉祥图案、民间传说、历史典故、书法文字等常见的装饰题材，与此同时，还须在显要位置——四角、四边等处——添加上某些说明文字，如产品样式、商标记号等。例如，今天所见到的一张民国时期的糕点包装纸，版面为正方形，图中有五个小儿作"麒麟送子""冠带传留"之戏；外环四角，印有"精致名点"和"四时茶食"的广告语，并带有梅花形的缠枝图案。整个纸面色彩艳丽，线条粗犷洒脱，富有浓郁的民俗趣味。另外，在20世纪初期的包装纸上，我们也可以找到极具时代特点的装饰因素，并以非常巧妙的方式融东西方风格于一体。广吉祥月饼包装签采用了当时极为流行的月份牌形式，画中描绘的是几位摩登女子在庭院中赏月的情景，从她们的衣着打扮来看已是洋味十足，但配以松树、仙鹤的江南园林景致又分明向我们传达着某种带有传统意味的民族情调。这种中西合并式的审美，正是当时包装艺术最具时代性的表现。

第三节　织绣包装

　　织为俗字，本字作绣。《周礼·冬官考工记》载："绘画之事，杂五色。……五彩备谓之绣。"东汉许慎《说文解字》称："绣，五彩备也"，"绘，会五彩绣也"[1]。可见绣、绘二字在汉代语汇中通意，都是指在绢帛之类纸料上添加材料设色，产生五彩具备的绚烂效果。

　　20世纪30年代，考古学家在北京周口店山顶洞遗址中发现了旧石器时代人类使用过

---

[1]　许慎.说文解字（附检字）[M].北京：中华书局，1963：237.

的原始骨针。骨针长约 8 厘米，针身圆滑，针眼狭小，针尖细锐，这是经过切割、挖孔、打磨等工艺制成的。这些骨针的发现，说明远在四五万年前我们的祖先便已能缝制衣物和制作各种生活用品。而这些物品中必定也包含了用于包裹物品的织物。新石器时代，织物已成为人们生活的必需品，这从考古实物中便能得到印证。在仰韶文化时期，各地遗址中都发现了骨针、骨锥、陶纺轮、石纺轮等织绣工具。同时也发现了织物的痕迹，如在半坡、庙底沟、大河庄、秦魏家等墓葬陶器上，都附有细密的布纹痕迹，推断应该是用来包裹陪葬陶器的织物。商代的织绣工艺，其实物发现不多，但在甲骨文中已有桑、蚕、丝、麻、帛等文字，表明当时已有专门的纺织业和缝纫工艺。特别是在洛阳东郊下瑶殷墓，还发现了丝织帐幔随葬品，在织出的红条纹上，画有黑色、白色的线条。所以，正如上文所说，刺绣的产生源于绘画技艺，这是人们对织物之美的高层次追求。现在可知带有刺绣的最早的织物，是在宝鸡市茹家庄西周前期墓葬中发现的丝织品，虽然已经腐化，但仍然在青铜器或淤泥上留下了印痕，其中一块绣片印痕相当清晰，它采用的便是流行于秦汉的锁绣针法。

春秋战国时期，由于植桑种麻技术的广泛普及，织绣工艺也得到迅速发展。当时各地都有大量的织工，以满足人们日益扩大的需求量，其中最著名的要属齐鲁地区。例如，《左传》中记录了鲁国曾以几百名缝工、织工作为条件，向强大的楚国求和。而出土资料也进一步证明了当时繁荣的织绣工艺。长沙广济桥战国墓出土的圆形丝袋，经纬线交织紧密，组织极为精细，反映出当时高超的织造技艺。

概括说来，作为包装使用的织绣物品主要有荷包、香囊、扇袋、帕袋等佩饰，以及梳妆袋、锦盒、镜袋、镜帘、桌围和椅披等生活用品。时至晚清，虽然众多配件已演化为纯粹的装饰品，失去了原先的盛载功能，但依然保留了最初的实用形态，成为我们了解传统日用包装的一个窗口。现今能见到的早期织绣包装为战国中期的镜袋，亦称镜衣。镜袋为圆形，直径约 17 厘米，正面用黄、绿、蓝等丝线绣出凤鸟花卉，里是深黄绢，缘为条纹锦。此外，还有在江陵马山砖瓦厂一号楚墓出土的大批织绣珍品，其中有香囊、镜套、枕袋、包袱等绣件，纹样多龙、凤、虎、蛇，还有去纹、花草、几何形、人物等，形象飞腾矫健，生动流畅，是极为珍贵的刺绣制品。

汉代的织绣工艺，不仅品种繁多，而且工艺水平有了质的飞跃。汉代丝织品的产地首推齐、蜀两地，品种有锦、绫、绮、罗、纱、绢、缟、织成等，并饰以云气纹、动物纹、花卉纹、几何纹或汉字等装饰纹样。而刺绣工艺也有了较大提高，结合出土文物可以看出这时流行的绣样有信期绣、长寿绣、乘云绣、云纹绣、棋纹绣等，针法主要采用辫绣，或称锁子绣。而与包装有关的出土物，为新疆洛浦县"山普拉"汉墓群中发现的绣花梳妆袋和新疆民丰出土的云纹刺绣粉袋：整体造型为椭圆形，上、下两头用蓝地十字绣纹经锦制作；里子为蓝色绢，锦袋外沿用绛红色绢镶边；中部用红棕、黄棕、白三种绢缝拼成横条，上加绫纹网绣，并有月牙形的开口，一边装小铜镜，一边装小木梳，开合、取用都很方便。

隋唐时期，织绣工艺得到空前发展，产地分布更加广泛，产量大且品种多，主要有丝、麻、棉、毛等，其中丝织物就有纱、罗、绫、绮、锦、织成、缂丝、线毯等多个品种，图案花纹更是形态各异、色彩绚烂，最常见的有连珠纹、对称纹、团窠纹、散花与几何纹。在刺绣方面，则出现了许多新针法，除了传统的辫绣外，还采用了平绣、打点绣、绲裥绣、帖绣、蹙金绣等多种针法。这时的织绣包装，较为著名的是被称为"帛鱼"的袋囊，它是用来盛装"鱼符"的包裹物。鱼符是用木雕或铜铸的鱼形符信，也称"鱼契"或佩鱼，不仅用来储物或作装饰之用，还可以此表明佩戴者的品级和地位。《新唐书·车服志》中曾有记载："随身鱼符者……皆盛以鱼袋，三品以上饰以金，五品以上饰以银。"[1]虽然，现今并未有实物出土，但从文字可以推测这种佩于腰际的刺绣布囊，应是制作极为精致的装饰物，而它在唐人心目中也自然有着无法比拟的地位与荣耀。

至宋朝，织绣工艺在唐代生产的基础上，又有了较高的发展。管理织绣的生产机构相当庞大，且分工很细。少府监所属文思院、绫锦院、文绣院等，都是织绣生产部门。从大量的出土物中可以看出宋代的织物种类又有了进一步的发展和扩充，尤其是缂丝工艺，此时达到了极为精妙、熟练的程度，出现了朱克柔、沈子蕃、吴煦等名家。缂丝原为室内

[1] 欧阳修，宋祁.新唐书（全二十册）[M].北京：中华书局，1975：1954.

或佛殿的装饰，后用来装裱书画，但因为缂丝制造繁复，故极为名贵，只有上等书画作品才能使用缂丝，而次等的作品则是使用的锦缎裱料。与此同时，宋代的刺绣工艺也极为精熟，如新疆阿拉尔出土的北宋刺绣包首（即在画上首袖裱纸背后加架裱一段绢或缃绫，卷好后能包住画轴之首），中间绣有对鸟、对羊的花形图案，构图和谐，纹样精美流畅，且极富趣味。而用来盛装香料的布囊佩饰在宋代也很盛行，如福建黄升墓中的出土荷包、香囊各一件：香囊为内外套装的双层正方形饰物，外囊正面彩绣鸳鸯一对，上下以莲花、荷叶托衬，内囊则以三经绫罗捏扎成 16 枚花朵装点；而荷包外形为银锭形，一面绣荷花，一面绣含笑花。[1]

明清时期，织绣工艺达到顶峰，不仅绣种繁多，还有多部工艺著述传世。其中，丁佩编著的《绣谱》，详述选材、用针、设色诸法，具有一定的参考价值；而另一位织绣名家沈寿所著的《雪宦绣谱》对后世影响更大，甚至成为研究织绣工艺的必读书目。与此同时，织绣工艺在使用中也渐渐出现了较为鲜明的分野，主要分为欣赏品和日用品两大类：欣赏品包括镜片、壁饰等；而日用品则更为多样，主要为家具饰件——椅披、桌围、茶壶套、镜套（或镜帘）等，以及前文提到的佩饰小品，包括荷包、香包、扇套、牙签套、火镰袋、钥匙袋、钱袋、眼镜盒、镜帘、镜套、剪刀套、落发夹、灯取罐、笔插、名片夹、信插等，无论男女都作为随身携带的赏玩之物。装饰纹样除常见的花鸟、山水、人物外，还加入了许多吉祥图案和戏剧故事，表现一定的主题和寓意，反映出人们对美好生活的追求和向往。

下面对这些包装物一一进行详细介绍。

椅披：罩在椅子上的护套，自宋代以后流行开来。如五代画作《韩熙载夜宴图》中的六把椅子，其中有五把是带有椅披的。这种以织物覆盖坐具的方法，成为后世使用椅披装饰的雏形。

桌围：罩在桌子边缘的布套，常与椅披相搭配。

---

[1]　王连海.中国民俗艺术品鉴赏·刺绣卷[M].济南：山东科学技术出版社，2001.

镜套、镜帘：镜套是用来盛装铜镜的袋囊，通常按镜子的规格形状制作，有圆形、八角形、菱形、正方形、花形等多种样式；镜帘是铺盖在镜面上的布帘，多为长方形。旧俗以为镜通"净"，故镜面须严加呵护，不得污损，由此一来，镜套和镜帘便成了居家生活的必备包装物。

灯取罐：用来插放灯取棍（引火之用）的容器。

荷包：主要是指佩于腰间的一些囊、带或装饰小品，可盛储随身使用的小物件和香料，并逐渐演化成一种纯粹的装饰物。荷包的样式千变万化，常见的有鸡心形、方形、腰圆形、葫芦形、花篮形、花瓶形、书卷形、银锭形、灯笼形、方胜形、钟形、山形等。每件荷包还配以系带，饰以料珠、流苏，便于佩挂。荷包的纹样大多是吉祥图案，如"龙凤呈祥""麒麟送子""刘海戏金蟾"等。采用的针法更是繁杂多样，平针、堆绣、锁绣、辫绣、戳纱、纳纱、打子、蒲绒、盘金、锭金等，有些还将几种针法混合使用，具有浓郁的民俗风格。

香包：一种用布做成的小袋，因为是用来贮放香料的，所以被称作"香荷包"，也叫"香囊"或"香袋"，其功能主要为熏香和驱病防虫，因此里面填充的多为香料或带香味的中草药。佩挂香荷包的风习，最早可上溯到先秦时期。不过，那时多称为"容臭"。到了汉魏时，香囊的名称才正式出现。此后，香囊又与民俗节庆相联系，成为端午节时必挂的佩饰。南宋周密的《武林旧事》中便有"端午"宫廷分赐五色香囊的记载。香荷包最早是用来装零散物件的，比如钱物、烟末、香料等，后来成为满族贵族男子腰带上必要的装饰品，并且成为互相表赠的礼物之一。

烟荷包：用来盛装烟叶的荷包，以布料或绸缎缝制，上面刺绣吉祥图样。烟荷包问世于明朝，盛于清代，至民国渐渐淡出，中华人民共和国成立后在部分少数民族地区仍较流行。烟荷包分有盖和无盖两种。无盖的穿绳后可收口，类似旧时的杯套。烟荷包以葫芦形居多，并配有玉坠或流苏，作为装饰悬于旱烟杆下。

腰带荷包：因可穿挂于腰带间，故名"腰带荷包"，是民间随身佩戴的袋囊。

钱荷包：装钱用的绣线荷包，功用类似于我们现今的钱包。

扇套：扇袋亦称扇套、扇囊，是明、清两代男子身上的重要佩饰，主要作为装扇、护扇之用，与荷包、香囊、火镰套、眼镜盒等并列悬挂于腰间。扇袋主要以丝绸制作，做工精致、华丽，表面绣有精美的装饰性图案，题材多以恬静、文雅为主，有"高山流水""岁寒三友""流水落花""梅兰竹菊"等，套口处系有各色丝带，并配以木珠、玻璃珠、玛瑙等装饰物。

钥匙袋：用来盛装钥匙的袋囊，形状一般为长形，中间略窄，下部渐宽，表面绣以各种图案，讲究的还配以彩色线缀，既有实用价值，又是随身佩带的饰物。

眼镜盒：盛装眼镜的布囊，多为椭圆形，由上、下两部分扣合而成，表面绣以各种装饰图案，尤以花鸟纹样居多。

名片夹：旧时盛装名片用的织绣小袋。名片古时称为"刺"。清赵翼撰写的《陔余丛考》中有载："古人通名本用削木书字，汉时谓之'谒'，汉末谓之'刺'。汉以后虽则用纸，而仍相沿曰'刺'。"[1]

靴抿：盛装文书的小夹子，出行时抿入靴筒以防丢失。通常装有名刺、票据、书信等重要文书。

除以上几种较为常见的织绣包装外，尚有剪刀套、落发夹、牙签套、火镰袋、笔插、信插等形式；另外，织绣工艺亦可与其他材料相结合，使包装更加坚固、耐用，如盛装书画册页的锦匣、锦盒便属此类，但因为后篇章节还要对此作详尽论述，故此处不加赘述。

第四节　布类包装

棉布是一种极为普遍的包装材料，多为正方形，其上印有绚丽的装饰图案，呈满地布局；在包裹时，把物品放在棉布中心处，采用挽结系扎的方法形成包袱状结构，便于拆

---

[1] 赵翼.陔余丛考[M].北京：中华书局，1963.

合与随身携带。一般而言，此种包装最具特点之处便是布面呈现的各种花纹，以及它所采用的印染工艺。

民间印染种类繁多，方法各异，常见的有灰染、扎染、蜡染和拔染。灰染属碱剂防染工艺，以棉布为原料再将镂空花板置酸洗后的布上，在镂空地方涂刷细石灰与豆浆调和成的防染剂后入蓝靛染色，经清洗、吹干、刮去灰浆、蒸布、散气、踩整后即成。主要工序依次为裱纸、描稿、刻版、上油、调料、刮浆和入染，虽然色彩主要为蓝、白两色，但根据不同效果又可分为蓝地白花和白地蓝花两种。其中，蓝地白花布只需要一块花板印花，构成纹样的斑点互不连接。白地蓝花布一般都采用两块花板套印。此种工艺流传极广，且历史悠久，早在秦汉时便已产生与此相似的印染技法，称为"夹缬"；发展至唐代，随着生产技术的提高，夹缬工艺具有了更为多样的表现形式，成为一种极受欢迎的印染制品。如今，江浙一带民间流行的蓝印花布，便是采用的此种工艺。

扎染，又称绞缬，是一种古老的采用结扎染色的工艺，也是我国传统的手工染色技术之一。它依据一定的花纹图案，用针和线将织物缝成一定形状，或直接用线捆扎，再抽紧扎牢，使织物皱拢重叠，染色时折叠处不易上染，而未扎结处则容易着色，从而形成别有风味的晕色效果。早在东晋，扎结防染的绞缬绸已有大批生产，当时的绞缬产品，有较简单的小簇花样，如蝴蝶、蜡梅、海棠等；也有整幅图案花样，如白色小圆点的"鱼子缬"，圆点稍大的"玛瑙缬"，紫地白花斑酷似梅花鹿的"鹿胎缬"等。在新疆的于田和阿斯塔纳等处发现了六朝时期的印染品，有红色白点绞缬绢、绛色白点绞缬绢，还有在丝、棉、毛织物上的印花，梅花状的蓝白图案极似现代的蓝印花布。

蜡染，古时称"蜡缬"，它是用蜡把花纹点绘在麻、丝、棉、毛等天然纤维织物上，然后在染料缸中浸染，有蜡的地方染不上颜色，因而呈现出白地蓝花的斑驳纹样，主要流行于川东南苗族地区。

拔染，是在雕版上涂刷化学药剂，使部分色彩退去，以此呈现各异花纹。

清代末期鸦片战争之后，机印花布开始发展，整个纺织印染行业逐渐进入机械化时代。手工印染工艺除在部分山乡偏僻地区尚存之外，大都已随着时代车轮的不断前进而渐渐被大机器生产所取代。但是，在中国的一些乡村城镇仍然保留着传统的印染工艺，生产出的染布产品也依旧被广泛用于生活的各个方面，此间与包装相关，且较为典型的印染物品便是民间常见的包袱皮与饭篮巾。

包袱皮，又称"方巾"或"桌布"，大部分为一米见方的布料。中心处有一近似于圆形的纹样，题材为双凤、双鱼、双狮等，四角饰花卉、蝴蝶、盘长等吉祥图案，外围再环以花边，构成民间俗称的"四菜一汤"格局。例如，今湖南省博物馆收藏的一块印染桌布，采用的便是"凤凰牡丹"的传统题材：白地蓝花，中心为双凤戏牡丹，角花是春兰与秋菊图样，四边装饰花蝶纹，采用蓝地框住画面，以此加重桌布的分量感，制作极为优美，具有浓郁的民俗风格。常见的包袱皮多为蓝白亮色，但也有五彩形制的方巾。包袱皮的使用方法是先把布料平整摊开，在中心处放置要包裹的物品，再将方巾四角提起，于物品上方交结系紧，使布料完全贴合于器物。包袱皮可背、可提、可挂，携带方便。此种包装方法极其简便，且经济耐用，在民间使用得尤为广泛。另外一种与包袱皮相似的包装物是饭篮巾，也被称为"盖篮巾"。尺寸为50厘米见方，花纹布局类似桌布，但因幅面较小，故花纹比较简单，又以花草纹样居多，纹饰轻松随意，且装饰清丽雅致。

第五节　包装与民俗文化

最早的包装肇始于何时，恐已难觅踪迹。但从它的功能推测，应该与整个社会大环境有着极为密切的联系。原始社会末期，随着生产技术的提高，出现了大量剩余产品，先民为了有效地存放这些物品，必然会制作某些类似于容器的承载物，并饰以简单的纹饰，这便是最早的"包装"。之后，人们物质、文化生活的提高促使包装艺术也日趋完善，不仅造型设计更为科学合理，装饰手法也愈加丰富、多样，鲜明地体现出中国民俗艺术的精神特质与审美情趣。

从现今见到的包装实物分析，中国传统包装艺术与民俗文化的结合似乎已成为一种必然趋势，这与它的功能、属性有着极为密切的关联。从字面上理解，包装的含义可以概括为对某一特定物品的保护与装饰，使之便与贮藏、运输，并具有视觉上的美感，是一种兼具功能与审美的艺术门类，甚至可以将其定义为一种日用活动中的必需品。这种"必需性"来源于它所具有的独特属性，也即一种伴随社会发展而生成的普遍"需求"，因为当人们制作出一件物品时，除了功能上的要求，还必然会考虑到使用过程中的耗损，任何人都不希望辛苦制作出的物品在短时间就被淘汰，所以对它进行有效的保护变成了极为合理的设想。而在使用的过程中，传统包装艺术也必然会逐渐融入民俗文化的深厚土壤，成为一种生动、鲜活的物质载体。

当我们初次接触一件包装物品，除了造型和材质，最为突出的便是点缀于内外的各种纹饰。尤其是中国传统包装，醒目的色彩和纹样已成为一种文化的注解与标志。一般而言，传统包装饰物多选用民间常见的题材，如吉祥图案、戏曲人物、历史故事，以及某些被经常使用的组合形式，具有鲜明的符号化意味。上文所述之纸布包装，便是极具民俗特色的一类。从色彩上看，纸布包装大多极为鲜艳夺目，无论施色、配色都很大胆，烘托出一种喜庆欢快的民俗气息。例如，清末江苏民间的一件红缎地平针绣钥匙袋，采用红、绿搭配，营造出极为鲜明的对比效果，并以五彩丝线绣出各种花卉纹样；而最具特色的要属钥匙袋上悬挂的穗子，同样是以黄、绿、蓝、粉、白五种色彩组成，形成跳跃夺目的装饰风格。从纹样上看，纸布包装题材多为吉祥图案，如"富贵千秋""瓜瓞绵绵""莲生贵子""五福捧寿""独占鳌头"等。虽然，历经长时期的提炼与筛选，传统纹样已经具有了一定的程式，甚至符号化的趋向；但当其被实际应用于生活时，也会在一定程度上突破这种固定的模式。较为典型的例子便是被称为"杂宝"的图案，这是把多种吉祥纹样结合在一起的表现手法，经常出现在荷包纹饰中，既可作为主体图案，亦可作为边饰，具有烘托喜庆、富丽的装饰效果。

此外，某些包装本身便具有吉祥、避邪的寓意。例如，端午节时佩戴的荷包，其内盛以雄黄、白芷等粉末，起到避邪正气、驱除蚊虫和趋避不祥之物的作用。再如，前文提到的镜帘，其作用也是避免污秽之物沾染镜面。而清末药铺使用的药品包装则更为讲究，不仅药包要扎得形如金印，正月还须用红线扎结，以求避邪和除秽，具有"药到病除"的吉祥寓意。因此，中国吉祥纹饰本身便是一种带有避邪意义的图案，在避邪的同时，也进一步引申至吉祥的祝福，由此幻化出甚为丰富的组合形式。另外，某些色彩也具有避邪的功能，如红色，它在新石器时代便被先民涂抹于棺椁或佩饰上，之后更是被广泛应用于生活的各个方面，到明清时期已成为皇家的象征色彩。

　　在传统包装上装饰吉祥纹样，已成为一个较为普遍的现象，其原因除了与审美习惯、民俗文化密切相关，还同包装本身所具有的特质相呼应。从字面分析，"包"字具有维护、隔离的含义，而对物品加以保护这一行为，不仅具有较为客观的实用性，还隐含着某种主观化的情绪，表现出使用者或拥有者对特定物品的珍爱与重视；"装"字除具有美化、修饰的含义外，也含有同"包"字相似的寓意：如端午节常见的装饰纹样"五毒"（蛇、蜈蚣、蜘蛛、壁虎和蝎子），便可视为一种具有保护作用的吉祥图案，它不仅与"避邪"的立意相符合，同时也体现出包装物所具有的隔离、防护之功效。

第六章　其他材料的包装

第一节　金属与包装

一、铜器

铜是人类最早发现的金属之一，纯铜呈浅玫瑰色或淡红色，表面形成氧化铜膜后，外观呈紫红色，其优点是稳定性强、可塑性高、延展性好，缺点是强度和硬度较低。比较著名的是青铜，这些铜合金增强了铜的性质，使青铜应用广泛，遍及各种用具。但是青铜器以商周时最盛，后世则较少，而一般铜制作的包装则范围广泛、用途多样，只是再没有青铜这样的鼎盛。

青铜器是我国传统造型艺术之一，是用铜锡或铜锡铅合金铸造的器物，因颜色呈青灰色而得名，虽然每个朝代都有青铜器物，但是商、西周、春秋和战国时期青铜器数量最多，艺术价值也最高。春秋至战国时期，随着铁器的推广，铜工具已经日渐减少，至秦汉时期漆器和瓷器成熟起来，越来越多地进入日常生活，青铜更日渐没落，结束了它的兴盛期。从铜器造型、装饰纹样和铸造技术看，它综合了绘画、雕塑、图案和工艺美术，初步奠定了我国古代造型艺术的基础。青铜艺术包括铜器的铸造工艺、铜器的各种造型及装饰纹样所形成的艺术特色，因此青铜器不仅具有生活用具等实用价值，而且随着它作为生活用具功能的消隐，以及后世自宋代开始以其他材料对青铜器进行各种仿造，模仿青铜的造型，使青铜器的作用逐渐超越了它本身。

青铜艺术尽管在尚周时兴盛，但是它的宗教意义、礼仪功能是最主要的，真正用作实物也仅局限于王室、贵族，这两大用处促使青铜艺术在这一时期得到高速发展。然而，铜锈是有毒物质，用青铜作日常饮食用具的危险度可以想见。而且，青铜毕竟是金属，其冶炼耗费巨大，在社会上应用最多的还是陶器，瓷器的逐渐兴起和漆器的高速发展结束了青铜的兴盛期。

二、金银器

根据考古来看，金银器在中国已有三千余年的历史，中国迄今在考古发掘中发现的最早的黄金制品来自商代。黄金在我国一般分为山金和沙金，沙金根据外形往往被称作麸金、瓜子金、豆瓣金等等，银也被称作白金。金器制作的工艺和它出现的年代都要早于银器，其工艺包括熔炼、范铸、焊接、锤揲、镂镂、抽丝、编结、镶嵌、掐丝、炸珠等，而银器制作的工艺与金器几乎完全相同。金银器的工艺应该说是建立在青铜器工艺基础上的，但是其本身的特质和珍贵性使其发展出新的工艺。

一般来说，商代金器的形制工艺比较简单，器型小巧，纹饰少见，大多为装饰品。商王朝统治区的黄金制品，大多为金箔、金叶和金片，主要用于器物装饰。如在河北藁城台西村商代遗址中发现的一段正面印刻云雷纹的半圆形金箔，它原来就是贴于漆盒表面的；在山西保德林遮峪商墓中发现了金丝。春秋战国时期，由于周王室的衰微、诸侯国的兴起，社会形态变得宽松起来，形成了新的社会风尚，反映在金银器物上就是器型的自由演变，金银器皿及相当一部分银器开始出现。北方匈奴墓出土了大量金银器，表明其工艺高度发展；中原和南方地区的金银器多为器皿、带钩等，或是与铜、铁、漆、玉等相结合的制品，其制作技法大多仍来自青铜工艺。汉代时金银器的数量增多，但迄今所见的多为银制，用于包装的如银壶、银匜盒等。在山东淄博西汉齐王刘襄墓中就出土了一件形似豆的银盒。《洛阳伽蓝记》中记载北魏河间王元琛藏有金银瓶瓷 100 多件，还有很多金银酒具、餐具等。

唐代金银器大量出现，从种类上分包括食器、饮器、容器、药具、日用杂器、装饰品、宗教用器等。包装类的盒是发现数量最多的器类，有的盛放贵重药材，有的盛放化妆品，有的盛放其他贵重物品。其形制一般都是上、下两部分，以利于开合。盖的平面有圆形、花瓣形，盖顶或平顶或稍隆。药具类的包装主要是药罐、药盒、药壶。在西安何家村出土的金银盒、罐中就有乳石、朱砂、紫英、白英、琥珀、珊瑚等。生活用包装较为常见的是熏球。宗教类的包装有舍利棺椁、宝函等，多出土于寺庙塔基中。金棺银椁大多珠环翠绕，用料奢侈，有的还与石函、铜匣套在一起，椁内侧或有用玻璃瓶装舍利。法门寺出土的一件八重宝函，最外层为檀香木质，第二、三、四层为银质，第五、六层为金质，第七层为石质，第八层为金质四门塔，这八重宝函里面所包裹的就是一枚佛指舍利。唐代金银器的纹饰分为动物纹饰、植物纹饰、人物故事、生活场景等。动物纹饰除了中国传统的龙、凤、禽鸟外，随着对外交流的丰富，大量外来形象不断传入，如天马、摩羯等。鹿的形象虽然早已存在，但是佛教的影响才使得它大量出现。植物纹饰有忍冬、葡萄、莲叶、折枝花、宝相花、缠枝花等，这些植物纹饰雍容饱满，极富唐代社会气息。人物故事主要是历史人物如姜太公钓鱼、孔子弟子故事等。生活场景包括很多方面，其中狩猎题材最常见，此外婴戏、乐舞等也较多。纵观唐代金银包装，无论是器型还是纹饰，最突出的特点一是雍容华贵、丰腴饱满，二是外来文化的影响广泛。当然，随着唐代的衰落，外来影响也逐渐减少，本土特色变得强烈起来。

宋代包装特点的形成由三个因素决定：一是由于宋太祖对五代十国时的朝代更迭深有感触，于是偃文修武、重文轻武，文人获得了空前的地位，反映在器物上就是表现文人意趣的包装大量出现，如诗文书画、人物亭阁等，使得宋代金银器包装玲珑奇巧、秀美典雅；二是宋代商业的高度发达，民间金银制造者大量出现，促使宋代金银器的使用阶层大为扩展，世俗趣味融入金银器中；三是由于统治者倡导，仿古风气形成，出现了大量仿古代青铜器的银器。宋代的银丝盒、银梅瓶便是宋代金银包装的典型代表。河北定县净众院舍利塔基下出土的宋代银瓶身上缠绕一条立体雕塑的银龙，龙周围有银制云朵，瓶的上部垂下一串银珠，与下面的飞龙相呼应，这反映了宋代金银器装饰、浮雕装饰的工艺水平。此时期，辽、西夏、大理、金的金银器一方面受唐宋影响，另一方面又具有其地方、民族特色。辽国金银器最常见，在内蒙古发掘的陈国公主与驸马墓中，发现有八曲式锦盒、镂雕金荷包、錾花金针筒、金花银盒、银壶、银罐、银粉盒等包装。

元代始于草原，对金银器本身就非常热爱，获得政权后，自然会大量应用金银器。马可·波罗游记中记载了很多统治者赏赐功臣，各地官员进贡金银器的情况，他对元朝如此丰富的金银器感到难以置信。元代依然是银器数量多于金器，除日用包装外，瓶、盒、奁这类的生活包装增多。明代金银器仍然保留了以往的古朴风格，这与明代极力恢复元以前的汉族特色不无关系。清代作为一个少数民族创建的朝代，其特征是倾向于繁缛、工整、华丽，清代皇家金银器遍及典章、祭祀、生活、鞍马、陈设等。此外，由于藏传佛教对皇室的影响，佛教用品中的金银包装也大量应用。如北京故宫博物院所藏的一件银间镀金玻璃门佛窝。这种佛窝，又称作"佛锅"，是一种方便携带的佛龛，内装的佛像是有着特殊宗教意义的小型造像，便于随时礼拜。

为保护舍利，除了金棺银椁外，还常见铸造舍利塔的，隋唐和两宋时期这种方式较盛。据史书记载，这种方式源于古印度阿育王均分释迦佛舍利，差役鬼神在一夜之间造出84000座塔来供养这些舍利，后来，这就成为安放供奉舍利的标准了。这些舍利塔完全仿自实际中塔的形制，将舍利放在瓶或盒中后再放在塔内。

三、铁器

铁在人类历史中所起到的作用是其他任何金属所不能相比的，虽然地球上的铁元素含量丰富，但因其熔点较高，所以在最初受到熔炼技术的限制，后来发现陨石铁是纯度和熔点很高的铁，可以用来铸造兵器，于是铁成为应用最普遍的金属。从历史发展来看，最具历史意义的是将铁用作农具。铁性质坚韧，远胜于此前的青铜，所以草原民族对铁的珍视程度是很高的，契丹族更是以"镔铁"的契丹族发音作国号"辽"。铁匠的地位也非常特殊，印第安人的战神也是一个铁人。在中国历史上，铁的广泛应用推动了奴隶制的瓦解，它矿藏丰富、性质优良，远胜于在此之前的石器和青铜，用于制造器具是必然的，但是它又极易氧化，所以铁除了陨石外没有天然形态的纯铁，而古代铁器又很容易锈蚀，所以铁制品遗存很少。

铁的延展性虽不如铜，但是也相对较好，而且矿藏丰富，只是需要采取隔氧防锈措施，在古代只有通过上漆和在外镀饰惰性金属来解决。铁可以广泛应用于各种包装器物，诸如匣盒、箱柜、瓶罐，也可铸成铁片包裹，拉成铁线捆扎。

四、珐琅器

珐琅器大多是以金属作胎，外面进行珐琅釉料加工处理，少数是以瓷、玻璃为胎画珐琅成器。制作珐琅器，应先选石英、瓷土、长石、硼砂及一些金属矿物，粉碎后制成珐琅粉，然后加以熔炼使之附着于胎上后焙烧，而画珐琅则是将珐琅粉作为釉料施于器胎上。珐琅器既有金属坚实、贵重的特点，又具备珐琅釉料的晶莹剔透、润滑、便于细节描绘的特点。因此，金属易于熔炼、造型，使珐琅器能够在各种器物上应用，这超过了如瓷器、玻璃器等其他材质；而珐琅的特点使它在装饰上可获得不亚于其他材质的优势，这对于一般器物是如此，对于包装来说，更能被接受。根据金属胎珐琅器在金属加工工艺和珐琅处理方法上的区分，一般分为画珐琅器、掐丝珐琅器、透明珐琅器、錾胎珐琅器、锤胎珐琅器等。

迄今所知，我国最早的一件珐琅工艺品是现藏于日本正仓院的唐代银胎掐丝珐琅镜，根据现存实物和文献记载，我国最早的珐琅器产生于元代。元代是我国珐琅器工艺奠基和成熟的时代。明初曹昭在《格古要论》中首次著录了珐琅工艺的源流、特点、用途等问题。明代的传世珐琅器有掐丝珐琅和錾胎珐琅两种，根据《格古要论》记载，掐丝珐琅在文人中不受欢迎，但却受闺阁妇人喜爱，皇家也比较重视，由专门的御用监管理和烧造，传世的明代錾胎珐琅器却很少。而到了清代，由于统治者的喜爱和提倡，錾胎珐琅器在元明时期的基础上有了迅速的发展。

五、锡器

锡为软金属，银白色，有光泽，质软，延展性强，在空气中不易被氧化，除了常与铜合铸青铜器外，它本身也是制造器物的重要材料。锡制用具不透水，不受潮，易密封，所以可用作酒具、茶具，至今仍是如此。商周时代，人们已经能够熟练地开采锡矿，用以合冶青铜。南北朝时，王室贵族常以纯锡制作牛、马、猪、羊等明器。唐宋时，民间锡质茶具、酒具等日用器皿已开始流行。唐代苏廙在《十六汤品》中认为，用锡制茶瓶煎的水是"缠口汤"，他认为这种水"腥苦且涩，饮之逾时，恶气缠口而不得去"[1]。明朝人周高起却认为，"惟纯锡为五金之母，以制茶铫，能益水德，沸亦声清"[2]。清人方以智在《物理小识》中称，死后能有一锡供相伴，"此生足矣！"古人虽对锡质器具的看法不同，但它在民间却广泛使用。锡器从明永乐年间开始盛行，并持续不断地扩展和延伸它的使用范围，直至清末民初。明清时期，锡器业已是全国性的工匠大行，用于包装的有水壶、贮罐、粉盒等。浙江永安是锡器出产名地，旧时一些有钱的人购置锡器，以 24 件为一大套，购置半套为 12 件，小半套为 6 件。有的官绅为追求时髦、气派，还会提供图样让锡匠打制，以为炫耀。平民百姓购置不起大套件，但在儿女婚嫁时一对锡烛台，两只茶壶、酒壶均是必备之物。

江南农民自古就有酿制糯米酒的习惯，并且多用锡壶盛装，饮酒前连酒带壶一起放入热水中烫热。由于锡能清洁防毒，所以锡制酒具受到特殊热爱，一般来讲，纯锡制作的锡壶含铅量是极少的，不足以危害人体健康，但是民间所用的锡壶是一种铅锡化合物，含铅量很高，用这样的壶盛酒，尤其是在加热时，铅更容易溶进酒中引起铅中毒。

第二节　自然材料包装

利用动植物的自然形态，发挥其本身的特性用作包装是传统包装中一种非常具有生活气息和无限创意趣味的包装方式，它们取自于生活中极为常见的材料，巧思于胸、妙手

[1]　郑培凯，朱自振.中国历代茶书汇编校注本（全二册）[M].香港：商务印书馆，2007：30-40.
[2]　郑培凯，朱自振.中国历代茶书汇编校注本（全二册）[M].香港：商务印书馆，2007：515.

得之。在农业社会里，人与自然的关系是如此亲密，熟悉生活环境中各种物品的特点，一个生于斯长于斯的人凭借自然所提供的一切就足以生存下去。一个看起来毫不起眼的小物件，仔细一看却是内中有乾坤，由此能传说出一段历史、无数个故事，即便是微末也能酿出醇厚的滋味，这便是时间累积的一种魅力。

一、草叶包装

植物是自然界中最常见、数量种类最多的生命形态，利用植物草叶作为包装着实可用"唾手可得"来形容。将枝叶花朵用作观赏可见人的生活情趣，而将之用作包装则可见闪耀着的生活智慧。

广为传说的"云南十八怪"中的第一怪便是"鸡蛋用草拴着卖"。随着旅游的发展，这种"鸡蛋拴在山草上"的异闻已经广为周知，但如果没有亲眼见过往往都会觉得这种方式不可靠。如果到云南的元阳、绿春、金平等山区地带去，那么"鸡蛋用草拴着卖"的现象随处可见。这种地方特色明显的包装方式显然是与本地的独特自然、地理环境相适应的：云南多山、坡陡谷深、山路崎岖，外出行路不是爬高下低，就是跨沟过坎。如果没有宽阔马路，那么这种山区的主要搬运方式就只能是肩背或头顶：背箩、背筐、背架、背袋以及背绳等。走在崎岖的山路上，尤其是那些由乱石组成的"包谷路"，每一步几乎都是踏在石尖上行走，一不小心脚就卡在石缝里。再加上不断地爬坡下山，跳沟过坎，在这种条件下，脆硬的鸡蛋壳就极有可能破损。而用草拴的鸡蛋则能无一破损，全部完好，必然归功于这种草和包裹方式了。

仔细观察这种草，可以发现它呈中空的圆柱形，具有一定的强度和弹性，可起到缓冲减震的作用，同时还具有一定的吸湿、透气、防晒特性，对鸡蛋也就有一定的保鲜作用。这种草来源广泛、简便易得，植物形态更不会造成什么污染，实在是一种非常经济的材料。它的包装方式是先将数根干草的一端拴在一起，使这束草形成放射状，再在干草当中放进一个鸡蛋，然后用草横捆一道，之后再放一个鸡蛋进行包扎。如此这番，鸡蛋被逐个捆扎包紧之后，形成了一长串逐个内收、类似于糖葫芦的形象。包裹的草并不将鸡蛋全部包严，间隔的几束草之间可露出鸡蛋，以便查看。有相应生活经验的人把鸡蛋对着太阳，除了看鸡蛋是否新鲜之外，还能大致看出该鸡蛋能否孵出小鸡来。10个鸡蛋被拴成一串，买鸡蛋的人也就不用一个一个地将鸡蛋举起来对着太阳看，而是一次就可以查看10个。买鸡蛋吃的人自是方便，对从事孵卖小鸡仔的商户来说，意义更是重大得多。

稻草包装是景德镇瓷器几百年来最实用、最廉价的包装形式，时至今日，仍是大件瓷器的首选材料。比如瓷凳的包装，首先在稻草上洒水使之柔韧，然后将稻草盘成圆盘护住瓷器上下四面，用绳子捆好，再用稻草拧成的绳子将瓷器滚动包裹，直至完成。

天然纤维包括棉、麻和蚕丝，其中以麻的性能最优。麻具有天然的抗菌和抑菌功能，吸湿排汗的性能比棉和化纤都要好。麻是中国古代纺织中的重要原料，尤其是在棉花出现之前，它作为除丝之外最重要的纺织原料在中国历史中持续了几千年的时间，与粟相应，是中国古代的主要民生物资。麻用于包装除了织成纺织品外，在民间还是多直接用麻系扎，或者结成麻绳捆扎。如果陶瓷器物需要搬运，可在外面绑以稻麻绳索，以便提携。在战国时期的一件青铜绳络纹兽面衔环壶上，仿绳捆的绳络纹反映的应该就是当时以绳作包装以利于搬运和防止搬运过程中发生摩擦、碰撞的情形。这种纹饰在出土器物中十分常见，清代时仿这种方式在器物表面彩绘包袱包装作为装饰。在现代化纤产生之前，麻绳可以说是最主要的捆扎用具了，它在中国数千年的捆扎包装历史上的作用显然不言而喻。

在中华文化圈里，粽子是中国传统节日——"端午节"的代表食物，这一习俗在魏晋时代已很盛行。西晋周处在《岳阳风土记》中记载："俗以菰叶裹黍米，……煮之，合烂熟，于五月五日至夏至啖之，一名粽，一名黍。"这种粽子又叫作"角黍""筒粽"，前者是由于形状有棱角、内裹黏米而得名，后者顾名思义大概是用竹筒盛米煮成。唐宋时期，粽子由菰叶、芦叶或竹箬瓣做成，成为节日及民间的食品，其品种繁多，有小脚粽、筒粽、锥粽、菱粽等。现在各地的粽子，一般都用箬壳包糯米，但里面的馅、花色却根据各地特产和风俗而定，如著名的有桂圆粽、肉粽、水晶粽、莲蓉粽、蜜饯粽、板栗粽，以及川渝、两湖的辣粽，贵州的酸菜粽，浙江的火腿粽，苏北的咸蛋粽等。筒粽的制作方法是，先把一根竹筷插进装好熟糯米的竹筒里，再用一个削好的竹片工具贴着竹筒往里做几下隔离即可。在制作方面，粽子最早是用竹筒作外包装，粽子的配料有蜜枣、栗、银杏、豆沙、猪肉、松子仁、葡萄干等，名目繁多，风味各异。

二、果壳包装

将植物果实的外壳用作包装是植物包装的重要组成部分，这种包装利用果实外壳的坚固性特点，根据需要对中间部分做相应的技术处理，制作出一个可容纳物品的空间。现在俗言里依然常说的一句"葫芦里卖什么药"就是葫芦曾作为药品容器、包装的一个体现。《后汉书·费长房传》记载："市中有老翁卖药，悬一壶于肆头。"[1] 后来人们称卖药的、行医的为"悬壶"，美称医生职业为"悬壶济世"。"悬壶济世"中的"壶"也是葫芦作为包装在医药业的遗留，葫芦成为郎中们的一个身份标示。在热带地区，椰子因其壳质地坚硬，也是包装选择之一，比较名贵的是用金银珠宝装饰的椰壳鼻烟壶。

关于葫芦的原产地，过去有人认为是印度与非洲，但据考古材料显示，亚洲的中国、泰国，南美洲的墨西哥、秘鲁，非洲的埃及，在石器时代都有葫芦出土。我国在 1973 年浙江余姚河姆渡原始社会遗址的考古发掘中，就已经发现了葫芦种子遗存，这说明在 7000 多年前，我国的先人已经开始种植葫芦。甲骨文中已有"壶"字，其形象葫芦，用葫芦作为盛水的用具显然要早于陶器和青铜器，但仍用"壶"字称呼，葫芦这一本意反而被遗忘了。"葫芦"这一名称流行始自唐代，古时所用的"匏""瓠""壶"也一直沿用，但是每个时期的具体指代可能就不尽一致了，现在一般以葫芦统称。目前大致的区别方法之一如下所述：

大葫芦，果实下部圆大，直径为 25~30 厘米，葫芦个头大，嫩时皮质白嫩，有多种吃法。成熟后皮质坚实，锯成两半，作舀水的"瓢"。

亚腰葫芦，一般为上小下大的两个组成部分，似乎是被捆束而长成了这个式样，但实际是自然生长的。其大小差别很大，据说大的有一米高，而小的则只有豌豆大小。《明宫史·火集》载："仍有真正小葫芦如豌豆大者，名曰'草里金'。"最常见的亚腰葫芦大者高 20~25 厘米，小者 10 厘米左右，主要用作观赏。

扁圆葫芦，其形圆而扁，直径为 7~9 厘米，因形状像个儿大的柿子，所以京津一带

---

[1]　范晔.后汉书[M].李贤，等，注.北京：中华书局，1965：703.

称之为"柿子葫芦",山东、苏北一带则叫作"油葫芦"。

长柄葫芦,下部浑圆,大小如扁葫芦,上面有个细长的柄,长尺余。这种葫芦嫩时可吃,老熟后古代用来做葫芦笙,现在则锯开作为勺或瓢。

匏子,其形呈圆桶形,粗细长短不一,像条大丝瓜,嫩时外皮呈绿白色,柔嫩多汁,可食用。成熟皮色偏白,质地不太坚硬。除食用外,可用来范制葫芦器。

对于这些葫芦的形状、尺寸等都是针对一般稳定情况而言的,如果两个不同品种的葫芦种植在一起,因杂交而变形是非常常见的。

葫芦和一般的瓜类都有一个共同的特点就是里面是瓤,向外扩展到一定程度后就会出现一个相对的硬层,在最外面还有一坚致薄层。只要剖开一个口将葫芦籽掏出来,它就可以用来装各类物品了,尤其是流质的水、酒、油,都是葫芦的常贮之物。《卖油翁》里的老翁即是以葫芦的小口来展现高超技艺的。酒葫芦是古代酒具的常见形态,使用很久乃至世代相传的酒葫芦可能色泽变深,甚至会呈近紫的颜色。在《水浒传》中有多处描写酒葫芦之处,其他古代文学作品中也较为常见。在神话文学作品中,仙丹这一终极灵药正是装在葫芦里。它薄而坚硬的外皮具有更好的致密性,不容易进入潮气,这样就能保持药物干燥而不致腐坏变质,而且,葫芦内壳具有一定的松软度,也就不会磕碰坏药丸。因此,用葫芦装药的保存效果比其他质地的容器如陶罐、木箱更好一些。所以说,古人"悬壶"是经过选择之后的必然。

以上只是对葫芦的一般应用,最富特色的葫芦是范制葫芦。范一般以梨木制作,以数块梨木相围,中间刻出某种器物外形,然后在内表面上阴阳刻以吉祥图案、书法等。也有以泥范成型,其纹饰等与木范相同,烧造后被称作砖模,可以使用数年。在葫芦幼小的时候将其放入范中,随着生长,范上的纹饰就印在了葫芦表面上,在秋天成熟后取下范,一件妙然天成的范制葫芦就初步成功了。根据制范时所预留的形状,或再加切割修饰,一件令人叹为观止的容器便制作完成。传统的范制葫芦取形于其他的陶瓷等器物,而现代制作的范制葫芦可以根据现在所常用或风行的式样制作。依王世襄《中国葫芦》考证,中国范制葫芦的技术至迟在战国时就已经出现了,但进入清朝后,由于宫廷皇帝的嗜爱而发展鼎盛。

三、动物与包装

以皮类材料作为包装的历史非常悠久。根据旧石器时代出土的骨针推断，当时的人们已懂得简单的缝纫技巧，除了制作衣物用来遮体、保暖外，也可能以兽皮充当包装材料，包裹食物或其他生活用品。

山西祁山出土的大量西周铭文中，记载了当时已能生产皮披肩、皮围裙、生皮袄、鼓皮、五色皮、虎皮、长毛狸皮等，铭文中的"鞣"，即为现今的"鞣"字，说明当时的工匠已懂得鞣制技术，主要采用焰火熏制的方法使皮变为革。毛皮生产历来被统治者所重视，汉时，毛皮曾大量出口，《汉书·货殖传》记："通邑大都一家富商，每年有皮革一千石，有狐貂皮一千张，羔羊皮一千石。"[1] 足见当时皮革产量丰富，且品种多样。唐时设右尚书专管马鞯加工和皮毛作坊；宋朝设有专供军用的皮角场；元朝设有甸皮具。

一般而言，使用皮革类包装的多为游牧民族。畜牧业的发达使他们可以获得大量的皮革原料，在生活的各个方面都广泛使用皮类制品。如果，我们可以把容器列入传统包装之列，那么在我国古代北方游牧民族中广泛流行的皮制囊壶，便是一种用来盛装酒浆或水的包装物。制作材料主要有马皮、牛皮、羊皮、骆驼皮等。以皮革制作饮具，古已有之，《汉书·陈遵传》："鸱夷滑稽，腹如大壶，尽日盛酒，人复借酤。"颜师古注："鸱夷，韦囊，以盛酒。"[2] 由此可知，当时用来盛酒的皮质容器被称为"鸱夷"。虽然，现今存世的古代实物已难觅其踪，但依据皮囊壶仿制的瓷器却很常见，辽代便出土了多件，其形制与皮壶极为相似，甚至在一些细节上都有表现，因为这种容器完全模仿皮壶，所以仍然称其为"皮囊壶"。现今蒙古族仍然在使用这种皮质的盛液容器——"虎忽勒"，以马皮或牛皮制作，呈元宝形，中间部位呈壶嘴状，上有木塞，木塞顶部有一孔，可穿入皮绳，或挂在身上，或挂在马上携带，结实耐用。而柯尔克孜族使用的皮壶则是以骆驼皮为原料，经挤压、磨光、晾晒、缝纫等几道工序制作完成，用来盛水或酒，早年曾是柯尔克孜人出门打仗或行军时洗脸净手的用具。

---

[1] 范文澜. 中国通史简编[M]. 修订本. 北京：人民出版社，1964：62.
[2] 班固. 汉书（全十二册）[M]. 颜师古，注. 北京：中华书局，1962：3712-3713.

　　除了皮壶外，以皮革材料作为包裹或盛装容器的尚有皮桶、皮袋、皮箱、皮盒、皮刀鞘、皮囊鞬等多种生活用品。

　　以皮革材料制作兵器包装，是一种极为古老的工艺。史料上记载的皮类兵器，除甲胄外还有靫（盛箭器）、鞘（刀剑套）、鞬（盛弓的袋）、韇（革制箭筒）等多种，起到防止磨损、便于携带的目的。今所见故宫藏物中，便有一件制作极为精美的皮囊，以牛皮制成，外层包裹织金银卷草纹缎面，既柔软轻便，又耐磨损，并且装饰美观大方。鞬由主囊和三个次囊组成，都插有弓箭，可随时交换使用。这是较为精美的宫廷包装，而民间的皮革制品大多较为粗糙，但很实用。内蒙古地区发现的一把清代鲨鱼皮腰餐刀，刀鞘为柱状，外包鲨鱼皮，在头、底和中间处饰有铜环装饰；其内插两把牛角柄刀，一把刀身稍阔，一把刀身渐窄，适于不同的用途。

　　除了制作兵器包装外，皮革还可以用来制作餐具、眼镜盒、荷包、钱包等更加精美小巧的生活物品。例如，故宫博物院收藏的一款描金漆葫芦式餐具套盒，全部用牛皮压模成型。葫芦一分为二，内装执壶、盘、碗、匙共79件。葫芦盒为黑漆地，两面描金龙凤纹，餐具均为红漆地描金折枝花卉或花蝶纹，可同时供数人用餐。以皮革制作的荷包，称为"鞶"，《礼记·内则》曰："鞶，小囊，盛帨巾者，男用韦，女用缯，有饰缘之。"鞶囊，佩于腰带上的革囊，单名鞶。《宋书·礼志》中记载："鞶，古制也。汉代著鞶囊者，侧在腰间。或谓之傍囊，或谓之绶囊。然则以此囊盛绶也。"[1] 今所见革制荷包已大多被织绣材料取代，但在藏区还流行使用一种用皮革制成的钱包，尚有皮条，用来绑缚腰间，形制应与汉时的荷包极为相似。

　　可以确信，皮囊这种包装行为来自草原民族的发明，而利用动物脏器作为包装材料的行为必是源自生活气息浓厚的中原地区。草原民族所牧养的动物提供了大量毛皮这种唾手可得的可利用材料，对生活有着浓厚趣味的地区才能将一般人所鄙夷的动物脏器开发为食品和包装材料之一。生活方式决定了这两种发明的产生地。对于古代可食性包装，最

[1]　沈约.宋书（全八册）[M].北京：中华书局，1974：517.

开始很少是有意为之，不说是因陋就简也是差不多的，这是低层次生活状态下的不得已。

　　沿河而筑的长街，一路铺陈的廊棚，三五相间的河埠、戏台、石桥、作坊、店铺、骑楼、翻轩、台门、老屋，间或有"风腊肠、扯白糖"的吆喝在耳边响过，晃晃悠悠的乌篷船慢慢远去。这是江南小镇所最为人熟悉和喜爱的场景，其中的"风腊肠"是南方的特色食品。腊肠这种食品的包装材料所采用的便是猪小肠所制成的肠衣。腊味的传统制作方式是生晒，中秋过后北风起，天气干燥无雨，将腌制好的猪肉、鸭等用绳子串起来，放到太阳下通风的地方晒一个星期即可。腊肠的口感，除了取决于所灌之肉的肉质，灌肉用的那一层肠衣也是至关重要的，传统所用的"天然衣"指的是选用新鲜猪小肠经生晒后制成的天然肠衣。天然肠衣生晒后吃起来香醇可口，其中较知名的是沧州的"天然衣"生晒肠，吃起来皮薄爽脆、味道甘香，这时的肠衣既是包装又是食品的一部分。除了肠之外，膀胱也是可用之物，但它的生理功能似乎妨碍了人们对它的应用。

　　用蛤蛎壳、螺壳装油、盐、醋等这些生活用品是沿河、湖、海地区人的一种生活性包装。它们本身是石灰质的，因为外壳坚硬，内面因与肉相贴，所以光滑或稍有纹络，用它们作包装可体现生活气息和地方特色，但缺点是数量不大、易碎，且蛤、螺要长到适用的生长期历时较长，所以只能局限在很小的范围内使用。

　　蜂蜡是约两周龄的工蜂为了构筑蜂巢和封盖蜂房，而从腹部下面四对蜡腺分泌出来的脂肪性蜡状固体。刚刚分泌出的蜡片透明而美丽，因蜂种及花粉源不同等原因而呈现出多种颜色。原蜡中含有诸多的杂物，所以会散发出特殊的气味。将原蜡以特殊的工艺予以去杂、脱色、去臭等处理，便得到了高品质的精制蜂蜡。用蜂蜡作包装是利用了蜡的封闭性特点，使它在防止水分流失和保持干燥性上相当有优势。蜡属于热的不良导体，所以也就具有了一定了恒温作用。蜂蜡可融，这样更扩大了包裹的自由度和适用范围。在我国明朝郑和下西洋时，即已使用蜂蜡包封水果，使水果能在长时间经受不同环境气候的影响而得以贮藏与保鲜，在现代也常采用蜂蜡包裹药片。

第三节　玻璃玉石包装

古代中国自产玻璃为铅钡玻璃，而西方则是钠钙玻璃。根据考古发现，西周时就已经有低温铅钡玻璃产品，春秋战国时期是高温透明玻璃，二者有所区别。春秋末战国初时出现了蜻蜓玻璃眼和仿玉玻璃器，此时西方玻璃传入，与中国玻璃并存，玻璃器的制作工艺包括铸、缠、嵌等。制作工艺不成熟，使玻璃器物很少，几乎没有用作包装的玻璃器。秦汉、魏晋、南北朝时，中外交流更加频繁，罗马、波斯等地的玻璃器大量传入中国。汉朝时，广州地区出现了钾硅玻璃。魏晋南北朝时，各政权不仅大量引进西方玻璃，还引进了吹制工艺。无论是自产的，还是进口的，由于各政权的热爱，自然用作包装的也就会多了起来。河北定县北魏塔基出土了大量玻璃瓶、玻璃钵等，虽然可能是国产的，但是从吹制造型工艺来看，有着浓厚的罗马因素。但到隋朝时，外来玻璃工艺失传，有中亚血统的何稠以绿瓷仿玻璃，"与真不异"，陕西西安李静训墓出土了浅绿色的玻璃瓶、罐、卵形器，其颜色类似北方青瓷，可见为国产。唐代出土的玻璃器很少，五代、宋时出现了钾铅玻璃，其含铅量高，"色甚鲜艳，质则轻脆"，不宜用作器皿，只能用作装饰。据《武林旧事》记载，南宋时杭州元宵节使用玻璃花灯，玻璃制造开始兴盛起来。这时，对外交流又促使阿拉伯玻璃制作工艺传入，因其耐寒暑，所以为达官贵人所重，玻璃再次兴盛起来。元、明继承发展，至清时玻璃才真正繁荣起来，当然这时也依赖于传教士的指导生产。因此，纵观玻璃在中国的发展历程可见，虽然许多工艺都在中国首先获得了突破性的发展，但是，玻璃工艺实在是西方最为发达。

玻璃包装以清时用作鼻烟壶最多，其他瓶罐等虽然很多朝代都有，但是数量不大，这也是由玻璃的易碎特性所决定的，只有鼻烟壶这样的小器物才易于保藏、利用，所以在传世鼻烟壶中常见玻璃鼻烟壶。

玉，从矿物学角度来说，是摩氏硬度为 5.5~7 度，呈半透明至不透明状，具有温润色泽的矿物集合体。一般来说，狭义的玉是指"硬玉"和"软玉"，或者更确切地说是"辉玉"和"闪玉"；广义的玉则还包括了蛇纹石、绿松石、孔雀石、玛瑙、水晶、琥珀、红绿宝石、水晶等。中国文化学上的玉，内涵较宽。凡具坚韧的质地、晶润的光泽、绚丽的色彩、致密而透明的组织、舒扬致远的声音的美石，都被认为是玉。

中国玉器源远流长，已有七千年的辉煌历史。在距今四五千年前的新石器时代中晚期，辽河流域，黄河上下，长江南北，到处闪耀着中国玉文化的曙光，以太湖流域良渚文化、辽河流域红山文化的出土玉器最为引人注目。宋代金石学兴盛，玉器仿古之风盛行，所以玉瓶、罐以仿古彝为主流，除此外，还仿觚、卣、簋等，纹饰以兽面、龙、夔等为主。有的器物是直接对仿，无论是尺寸还是形状、纹饰，有的加以些许改变。明代多是用青玉和淡墨色的玉料制作，清代则多用新疆和田的白玉、青玉、碧玉、黄玉等。明代时制作较为粗犷，清代则要力求精细，形制清晰，抛光细腻，不留任何制作的痕迹。

翡翠也有制成瓶的，一件民国传世翡翠——盘螭灵芝盖瓶，通体碧绿晶莹，两侧各镂饰螭龙和灵芝，盖纽上也是灵芝，花草形耳，形制高雅。水晶是透明的石英晶体，根据所含杂质的不同分为紫晶、黄晶、茶晶、烟晶、墨晶等，其制作的盖罐、瓶也有传世品，但尺寸多数不大。

一、鼻烟壶

鼻烟本是西方产品，但自明末清初传入中国后，广受欢迎，吸点鼻烟打个喷嚏成了一种身份象征。在西方本是鼻烟盒，但是传入中国后，发展出了鼻烟壶，康熙初年时由官方正式生产。小巧玲珑的鼻烟壶不但是一种实用的包装，也是供人赏玩和显示身份的艺术品。鼻烟壶的材质遍及金、银、瓷、铜、象牙、玉石、玻璃、玛瑙、琥珀、葫芦、竹根、木、漆器、水晶、果核等，运用青花、五彩、雕瓷、套料、巧作、内画等工艺技法。除了一般的扁瓶式外，还有象、狮子、人物、鱼、鸟、荷、花等象形瓶式。其纹饰既有山水花鸟、人物虫鱼、亭台楼阁，以及喜鹊报春、鲤鱼跳龙门、榴开百子等中国传统的样式，也有西洋建筑、人物等异域图画，除了因为清末西洋文化的影响外，与它的渊源也有些关系。一个小小的器物成了各崇其能的载体，实为罕见。

玻璃鼻烟壶的数量最多、流行时间最长、品种也最丰富，可分为单色玻璃鼻烟壶、套玻璃鼻烟壶和玻璃胎珐琅彩鼻烟壶。单色玻璃鼻烟壶数量最多，自康熙至宣统，一直生产。其颜色包括涅白、仿玉白、宝蓝、天蓝、孔雀蓝、透明蓝、宝石红、豇豆红、雄黄、鸡油黄、粉色、黑色、琥珀色、茶色、豆绿等20多种颜色。单色玻璃鼻烟壶以其纯正色彩、细腻质感取胜，广受喜爱。套玻璃鼻烟壶的制作工艺有两种，一种是将胎料满施另一色玻璃，然后雕刻，使底层颜色漏出来；另一种是将半熔的色玻璃直接在胎上做花纹。这类鼻烟壶上所套玻璃颜色显然不一而足，透明玻璃和套彩玻璃从视觉效果上来看似乎更好一点。玻璃胎珐琅鼻烟壶是将珐琅釉绘于玻璃胎上后，经焙烧而成。由于珐琅釉的温度和玻璃的熔点接近，温度低了会使珐琅呈色不足，温度高了胎会变形，所以对温度的掌控需要很高的技艺。这类鼻烟壶，生产成功的本来就很少，传世的就更少了。现存最早的这种鼻烟壶是台北"故宫博物院"所藏的雍正年制款的竹节鼻烟壶，这说明乾隆时的鼻烟壶数量开始增多。造型除一般的扁瓶外，还有四方形、圆筒形、葫芦形、南瓜形、八棱形等，在乳白色胎上再绘以花卉、禽鸟等中国传统图案纹样，当然也有富有异域风情的西洋女子、风景画面。在这类鼻烟壶里还有搅胎玻璃撒金星鼻烟壶，即在搅玻璃时撒入小金星，可使器物制成后金光灿烂、华贵富丽，但制作工艺复杂、技术性要求很高。

瓷鼻烟壶是除玻璃鼻烟壶之外最丰富的品类，其产生也早于玻璃鼻烟壶，因为瓷的历史更悠久、技术更成熟，而且用小瓶装药早已有之，故用来作鼻烟壶是很自然的。

目前所知的瓷胎鼻烟壶中以青花最为丰富。康熙年间青花鼻烟壶较多见，单色釉、珐琅彩鼻烟壶则较少，很多无款。雍乾时青花鼻烟壶画工更工整，题材广泛、产量较大，发色纯正。道光时的产量虽超过前期，但水平却已不及，不但画工不及，瓷质也疏松。光绪至民国时的青花和青花釉里红鼻烟壶中精品更少，釉色偏白，画工多不精。青花釉里红鼻烟壶俗称"青花加紫"鼻烟壶，上面装饰的图案多先用细线画轮廓，然后添加釉里红釉料。粉彩鼻烟壶是彩绘鼻烟壶中最为丰富的一种，它是在烧成的素釉瓷上绘画，经焙烧而成。粉彩鼻烟壶始于雍正时期，乾隆时大量生产。雕瓷鼻烟壶是用刀具在鼻烟壶的瓷胎上根据需要雕刻花纹，以单色釉居多。北京故宫博物院即藏有雕瓷人物鼻烟壶、黄釉透雕鼻烟壶等。

铜胎画珐琅鼻烟壶是以红铜为造型，表面以白釉为地，再用彩釉描绘图案，经焙烧、镀金而成，轻巧而多彩。康熙时期的铜胎画珐琅鼻烟壶多为扁瓶式，常以梅花、团花、蝴蝶为装饰，也有以匏片和漆片装饰的。由于康熙年间的这类鼻烟壶较少传世，所以比较珍贵。雍正时期则扩大到了葫芦式、桃式、荷包式、孔雀尾式等样式，但个体开始趋小。装饰图案采用吉祥寓意的图案，以黑、红色为地色，纹饰疏朗，色彩对比大。乾隆时期器型更加小巧，造型除了原有形式外，还扩展出了玉兰花式、灯笼式、罐式等，纹饰繁缛、富丽，题材既有山水人物、婴戏，也有西洋人物、建筑等。除铜胎外，也有非常珍贵的金胎画珐琅鼻烟壶。

玛瑙鼻烟壶存世较多，根据颜色分为红玛瑙、绿玛瑙、白玛瑙、灰玛瑙、紫玛瑙、黄玛瑙、冰糖玛瑙、胆青玛瑙等。晶石是一种原材料为六角形、透明或不透明的石英质晶体矿物质，性脆，一般分为水晶、黄晶、茶晶、墨晶、绿晶、灰晶、软水蓝晶、软水紫晶、软水黄晶、发晶等，都可制成鼻烟壶。晶石鼻烟壶珍贵与否主要根据晶体中所含的如头发般的天然花纹的多少、深浅及排列状况来判定。松石是一种原石为块状的不透明矿石，性脆，撞击易断裂，其颜色有天蓝、浅蓝、蓝绿、苹果绿，可分为磁松、铁线松、面松三种。珊瑚鼻烟壶的鉴赏一看颜色，以红色、粉红色最好；二看纯净度，以匀净者为佳；三看雕刻水平。翡翠是一种天然矿石的统称，主产于缅甸，红色为翡，绿色为翠，翠的价值最为昂贵。翡翠鼻烟壶多不雕琢，只用本身色泽呈色，光绪年间盛行，其盖是用切开的上好珍珠，在珍珠顶上再镶嵌一粒珊瑚。琥珀由于本身体积大多偏小，所以用来制作鼻烟壶的很少。琥珀内部都有纤维状包裹物，或如棉絮，或如条缕，纯净者极少，还有颜色深浅不同、不透明的，被称作"蜜蜡"。琥珀鼻烟壶传世极少。玉石鼻烟壶有青玉、白玉、碧玉，以新疆产"仔玉"最为著名。巧作鼻烟壶的材料包括黄玉、白玉、碧玉、翡翠、珊瑚、松石、玛瑙、芙蓉石、水晶、绿晶、茶晶、猫眼和钻石等。

竹类鼻烟壶有用竹根做的，但仅见于记载，更多的是贴黄鼻烟壶，即将竹内皮贴在器物表面的鼻烟壶。清代时，象牙鼻烟壶在北京、广州都有生产，但流传下来的很少，造型有鹰式、葫芦式、鹤式、罐式等，制作工艺包括雕刻和染牙两种。角制作的鼻烟壶主要是以牛角、犀牛角等为原料，多产于两广、福建、云南，多刻饰，以犀牛角质的为贵。匏制鼻烟壶其表面本身就原有花纹，也可再经刀刻、针划等装饰技法加工，种类繁多。椰壳鼻烟壶是以椰壳为胎，包银或锡，也有嵌珊瑚、松石等的，流传于内蒙古、西藏地区的少数民族区，也被称为"蒙装烟壶"或"藏装烟壶"。雕漆鼻烟壶包括漆嵌螺钿和雕漆两种，以金、银、铜、锡、木、瓷等为胎，风格与牙雕类似。果核雕鼻烟壶是以坚果硬壳为原料，随形加以雕刻，工细可爱。

二、印盒

印盒又称印色池、印池、印奁，是盛印泥的盒子，这是由于古代以印泥压在结合处，以防止消息泄露。以扁圆矮小者常见，体积较小，内盛印泥处平浅，其材质包括瓷、铜、玛瑙、象牙、玉等，以瓷质为最佳。古人认为："印色池，惟瓷器最宜。若瓦器，耗油。铜锡有锈。玉与水晶及烧料俱有潮湿之弊，大害印色。近有以石为之，亦不适用。"[1] 印泥的产生则是源于古代的泥封。在纸大量生产之前，丝帛应用尚且不多，所以书信、公文均用竹木简写。写好后用绳束牢，为保密起见在打结处用泥饼压封，上面再加盖印章后发送，后世常见的浇以火漆后加盖印章也是为此目的。魏晋时代，虽然社会上已流行用纸、绢书写，但公文类仍旧用函，使用泥封。至晚到隋朝时开始改用纸封套、水印，以章丹和胶水制成，浅红色，无油痕。自明朝永乐始，发明了油印及蜜印。但油印价贵难得，除皇室及王公大臣外，一般仍多用水印，至清代也如此。

印盒具体起始年代已不可考，传世品中见有唐代印盒，由此可见，印盒不会晚于唐，而宋时已经很兴盛。宋代的官、哥、定、越等窑均烧造过印盒，曾巩《冬夜即事》诗曰："印奁封罢阁铃间，喜有秋毫免素餐。"[2] 唐宋时的印盒极为罕见。元代乔吉在《两世姻缘》中写道："恰便似一个印盒脱将来。"[3] 明代印盒多为铜制，圆形，面微凸起，明代瓷印盒或圆或方，以明中期以后较为常见。瓷印盒在清代最为普及，器型较为丰富，或圆或方，品种有青花、五彩、斗彩、粉彩、颜色釉等，以康熙豇豆红，洒蓝釉及乾隆时仿雕漆印盒最为著名。清代中晚期时，雕瓷兴起，同治年间雕瓷名家李裕成曾有一件雕瓷人物

---

[1] 孔云白. 篆刻入门[M]. 上海：上海书店出版社，1979：130.

[2] 曾巩. 曾巩集（全二册）[M]. 陈杏珍，晁继周，点校. 北京：中华书局，2004：369.

[3] 张鲁原. 中华古谚语大辞典[M]. 上海：上海大学出版社，2011：332.

印盒，圆形圈足，印盖雕有苏东坡游赤壁图，雕工细腻，人物栩栩如生。清代铜印泥盒也十分流行，有方形、圆形，装饰技法以鎏金开光錾花鸟纹饰为主，工艺精湛。玉印盒在清代较为常见，多为白玉，圆形弧壁或圆形直壁，或光素或刻有纹饰，平顶微凸，直壁，子母口，平底，通体光素无纹，极为典雅大方。

第七章　传统包装与现代包装

第一节　现代设计中的包装艺术

相比较来说，传统包装艺术注重的是装饰，现代包装艺术所体现的则是设计的思想。现代设计是一种人化的自然的行为，在形体线条、外表用色上，虽然设计理念各不相同，但是这些设计品的突出特点就是它的非自然特征。现代设计初始，包豪斯所引导的便是简洁的形式，至今不衰，在用色上，即便每一种色彩都取自天然，但是其结合之后的样式依然是有明显的非自然化特征的。这种人化的行为特点，集中了视觉传达中的有效因素，予以结合后便成为一个众多强烈视觉感染点的集合体。商业化的程度越高，这种集合视觉点的现象就越明显，传统包装在用于商品包装时就已有这种倾向，如在瓷包装上注明店名这一行为相对于在器物表面装饰来说就是增加了一个视觉点。这种结果是现代设计与商业目的紧密结合的必然，其目的是销售，要从众多的产品中凸显出来。现代包装艺术所散发的浓厚的商业气息使其不可避免地过分强调促销，一方面由于设计者的水平有限而设计出了不佳的产品；但另一方面，从总体上来说，设计的最主要目的还是要为人而设计，满足人的需求，这些包装为消费者识别提供了很大便利，在保护商品上更加科学化，更好地满足了消费者的审美需求，良好的包装甚至引领了视觉艺术的走向。

　　的确，在现代资本社会里，商业是主流产业，作为一个有效的商业手段，包装被灌入浓厚的商业意识进行表述是很正常的。更何况包装是由于生产和使用的分离而出现的，这也是商业得以产生、发展的一个重要原因，如此相像的二者，其紧密结合也就是必然的。需要指出的是，商业是包装发展的主要刺激物，但并非包装发生、发展的唯一需要。或者可以这么说，面对人类多元化的需求层次，商业作为一个有效的凭借，它的出现使其能够负担并试图更有效地去满足这些期待和需求。所以，商业才在包装发展的过程中被提高到这样一个令人瞩目的高度。

　　现代包装大致可分为运输包装和销售包装两大类。运输包装注重的是运输过程中的保护和是否方便储运，所以这类包装一般形体较大，耐外部冲击，也没有太多的外部视觉增益；而销售包装多是中、小型包装，一般来说，它与商品之间已经很少再有其他包装，是商品和消费者之间的直接中介，所以它在保护之外最注重的是促销作用。因此，商业意味强烈的现代包装自然在销售包装上投入最大，这一类包装也是现代包装艺术的研究重点。

　　包装，尤其是销售包装，更多的是一种平面设计，在满足保护功能上，较少像其他工业产品设计那样存在诸多客观因素的制约，缺少开发的空间。相对来说，外部的设计便成为重中之重，而且，外部的设计有着太多的设计可能，也就更容易实现其设计目的。所以往往现代包装适应其内装物所传播的地区、人群，创造了现代设计的因素，也利用和扩大了现代设计中的因素进行包装设计。设计者在进行包装设计时，无论是采用具象的图形、抽象的符号，还是夸张的绘画等，都应考虑是否能创造一种具有心理联想的效果。主题简洁明确，任何产品都有其独特的个性语言，设计前应为其确定一个主题定位。这样才能明确该产品的本质特征并与同类产品相区别，创造出独特的个性。由于包装本身尺寸的限制，复杂的图形将影响主题的定位，可采取以一当十、以少胜多的方法运用图形，使其更加有效地达到准确传递视觉信息的目的。

　　自由为多变提供可能，多变也意味着新形式的频繁出现，新的很快成为旧的，而快节奏的社会需要不断变幻的刺激，最初，这种社会形态与现代设计互相影响，促进发展，但这种形势最终将会走向何方却是有待追寻的。流行色、流行形式这些不断变化的视觉因素强调快、新、奇，满足人们求新的愿望，消费者不断被引领着奔跑在变换中。这种求新的消费驱使包装走在消费者前面，所激起的潜意识消费行为是不容易被发现却又非常有效的，这要强于一般的消费诱导，可以说是"愿者上钩"的消费拉动。追求光、亮效果是展现工业社会、信息社会产业文明的标志，与此同时，对自然、本色的追求让"灰"色调成为主流。蓝色这一电子科技时代的代表色成为高科技的象征，木纹、石纹的自然纹理成为亲近自然、远离都市的一种象征，一样受到追捧。

现代包装，尤其是小包装，具有新颖别致的包装画面，用色鲜艳亮丽，能够瞬间吸引消费者的注意力；类型化的特点就是让每个系列的包装整体结构大体一致，具有统一色调、统一标志和统一画面，同时又在不同的部分里有着相异的细节，这样才能形成强烈的视觉冲击效果。VI（Visual Identity）设计就是通过建立一整套视觉形式、标志，尽可能多地对消费者进行多重视觉刺激，加深对所创造的形象的印象。

商业的包装设计，是通过它的视觉要素——图形、造型、色彩、材质、装饰等，来传达商品的销售、企业的形象和商品品质的概念。包装上好的图形设计，既可以暗示内容物的优劣，又可以让人联想到产品品质，所以图形设计的好坏是包装设计成功与否的关键。

任何一个事物，只要以行、色的形式存在，并为人所感知，它就具备了视觉传达的基本要素，而当它进入人类的视野之后，尤其是在融入人们的生活之后，就必然对它产生视觉诉求。如果该事物存在被改变的可能，那么人们的喜好、厌恶也就会随之改变，以适应自己的需要，获得一定的精神满足。包装作为生活中的一个组成部分，也不可避免地要受到人类的影响，根据其不同的产地文化而被赋予不同的形式，表现出差异性。从国家标准来看，促进商品的销售也是包装的一个作用。当然，这是现代社会的定义，出于商业的需要，通过研究人的喜好，诱导人们进行购买，这也是现代包装艺术被提上日程的根本原因。

在现代设计中，人体工程学是一个重要的组成部分，它在分析人体生理结构的基础上，根据这种结构的特点进行设计，使所设计的物品能够更好地满足人体的客观尺度。在包装中，模具化包装就是根据内部物品的外形进行空间设置，减少物品在包装中的移动空间，这一方面能减少磨损，另一方面，这种包装能更好地抵抗外部冲击。当然，包装在造型上与人体相一致的设计是人体工学的一个部分，比如尺度、体积，这些在以往的包装艺

术中也都有考虑，只是并没有被作为一种设计的方法提出来，这也是现代设计与传统设计
都具有的发展特点。

包装与环境的协调，不只是包装艺术中各个视觉因素的协调配合，作为一种展示的
销售物品，所涉及的还有与卖场环境是否协调，有保存价值的包装还要考虑对购买者家居
环境的适应程度。

现代设计中的包装艺术是真正商业意义上的包装，对传统包装概念的界定就是以它
为标准来确定的，它是以严格遵循保护、利于储运、促进销售为目的的。它以现代商业社
会为尺度，同时又处在现代文明社会里，具有相当强的现代文化气息，这得益于现代文明
的成果。它的不足之处在于：一是发展历史短，发展还不成熟；二是还有很多可以拓展的
领域，需要向其他科类学习，尤其是传统文化、传统包装的一些具有探索意义的有效方
法，以此提升自身的素养。

第二节　传统包装艺术的当代意义

曾几何时，包装是中国产品的一大问题，不注意包装往往成为影响中国产品销售的
致命弱点，尤其是在国际市场上，中国出口的优质产品由于包装的缺憾而被当作次品。初
开国门、面向国际的中国人面对中国商品的草率包装所带来的严重后果看法不一。曾经流
传数年的一个喜剧性结尾的故事是这样的：拥有国内著名品牌的某酒家在参加国际酒类比
赛时，由于包装朴素所以少人问津，场面非常尴尬。就在此次参赛即将告终的时候，该公
司的一位参展人员假装将他们的一瓶酒不小心摔在了地上，被打破的酒瓶里散发出来的
浓郁酒香顿时吸引了众人的注意。最后，该酒凭此拔得了比赛头筹，并从此打开了国际
市场。不到 20 年时间，随着外来因素的直接移植，中国的包装已经不下于国外水准。可
是，在国际化的过程中，中国的包装成了只不过是在中国生产的包装，而不是体现中国传
统文化特点的包装。一味地否定外来只能再次走向封闭，但不加分析的全然否定本土显然

也不是明智之举。创新本就不易，附加条件的创新更增添了累赘，发挥传统文化的优势是以传统作基础，抬高创新的眼界，背负发挥传统的担子去创新只是限制了创新的范围，对"怀旧感"的制造不是包装发展的正大道路。

传统包装的一个特点就是原始性，它处于一个商业发育程度远不如现在的社会环境，这使传统包装商业意味不足、生活气息过重，但是传统包装相对于现代包装来说具有现代包装的许多特点，涉及现代包装所能涉及的方方面面。此外，传统包装艺术气息的强化、文化气息的浓厚又是传统包装的一个优势，它的原始性具有更多的启发意义。

可食性包装是当代包装研究的热点之一。可食性包装材料是将本身可食用的材料成分，经组合、热压、涂挤等方法成型后用于不同物品的包装，除了蛋白质和淀粉材料外，还有多糖类、脂肪类、复合类等。中国传统包装中也有很多可食性的食品、药品包装，如肠衣、果蜡、糖衣、糯米纸、冰衣及药片包衣等，但这些并不是出于某种研究的可能而开发的，它是以节俭、致用的实际为基础，是中国传统文化中对自然的朴素认识所导致的一种结果。对于这样一个类似于"种瓜得豆"的意外结果，应该认识到中国传统文化"天人合一"思想中的一部分所重视的就是人与自然的和谐统一。这种注重与自然协调所产生的结果就是人是自然循环的一个部分，而不是对立面，人与自然的关系是互动式发展。像金石这些西方认为不可食用的物品，在中国都可以入药，所以中国古人吞食铅丸、丹砂，服食以石钟乳、紫石英、白石英、石硫黄、赤石脂为主，甚至包括一些辅料含有"五石散"的东西，故传统包装呈现出这样的特征也不足为怪了。而现代包装是由于这种可食性包装纸具有重要的环保与经济价值。例如，目前可食性包装纸有两种：一是以蔬菜为主要原料，将蔬菜打浆、成型后烘干；二是将淀粉、糖类糊化，加入其他食品添加剂，采取与造纸工艺类似的方法成型。从应用与发展前景来看，以蔬菜为原料的绿色产品更具有发展潜力。此种包装薄膜具有良好的防潮性、弹性和韧性，强度较高，同时，还有一定的抗菌消毒能力，对保持水分、阻止氧气渗入和防止内容物的氧化等均有较好的效果。因此，对传统的可食性包装并不是学那种不讲科学的蛮干，而是它们与自然和谐的包装理念。相对于传统包装中的无污染性，天然生成的果实其实更具研究价值，如花生、豆角、椰子、栗子这些植物果实，它们的包装行为自然造化、妙趣天成，未经人的任何行为却值得现代人在对包装进行开拓、创新式学习、领会，是真正意义上的绿色包装。

玻璃、珐琅的制作工艺都是从国外传入的，但是进入中国之后，经过与中国文化的密切接触，发展出了大量的艺术珍品和高超的制作工艺。在中国文化的包容下，外来的文化碎片都能在中国获得蓬勃的发展，出现迥异于它本源的特色来，这是中国文化的浓厚根基所产生的巨大影响力。一个多世纪以来，中国一直在为"本土化"和"西化"这两个基本的命题争论。弘扬传统文化是要发展传统文化，但外来的影响不能一概排除，将外来文化吸收进来，为中国文化补充本身所缺乏的成分、拓展新思路、塑造新机体，这是文化意义的思路，现代包装面对传统包装更要有这样的认识。

中国古代的华贵包装，尤其是宫廷包装，为了追求效果，一切贵重金属、宝石、珠玉都会利用起来，形成一种大杂烩式的复杂器物。这类器物本身的材质就已经华贵不凡，如果能再经能工巧匠加以制作，那么器物所呈现出来的富贵气象是不可尽言的。出土的唐代用于包装舍利的金棺银椁是如此，清雍正时所造的一件金胎包镶珊瑚桃式盒也是极尽人间至宝。该盒为金胎，外面由一百多块红色珊瑚包镶拼制而成，珊瑚的局部还雕有精密的花纹，金盒桃形是中国古代常见的寓意长寿的造型，盒心有"福寿"两个字，四周饰有九龙蜿蜒于海水波涛中。在中国当代礼品包装中，某些奢侈化的表现或许就是源于这种传统包装，但实际上，这应该是对人性的反映，它表明在这数百年间，人们喜奢好侈的本性并没有变，从包装作为商品的一部分来说，它很好地满足了要求，而非包装之罪。

每个朝代都有自己的时代风格，审美趣味和美学形式，都在研究美。虽然美有着普遍的、理性的规律，但是不同时代的民族、喜好、传统、修养、社会背景，尤其是皇室的影响，对于各朝代形成自己的风格起了重要的作用。"楚王好细腰，宫中多饿死"，这个时候楚国的审美取向便倾向于消瘦、清秀的形式；以胖为美、以胖为贵的唐朝绘画艺术中常见丰满的女性形象，唐三彩的马俑以纤细的马腿支撑肥硕的躯体，这对于包装的意义自然是以丰腴的形态、线条、图案为主流了；宋代以降，文人取代了武士的地位，于是，文人意趣的艺术、设计便兴盛起来；清代宫廷艺术，尤其是景泰蓝的外饰极尽繁缛之能事，这是由于满族来自草原，生活环境中的线条构成都很简单，所以为了满足对复杂的需求，便形成了这种喜好和风格。在不同时代有着不同的审美形式诉求，所以，尽管古代的东西仍然能让人赏心悦目，给人以美的享受，但是新的需求还是需要新的形式来满足。现代更是如此，传统包装中的优秀形式不仅仅是形式本身，更多的是它反映了对当时审美喜好的切实满足，现代包装要学习这种对当时需要的追索、实现，而至于到底是什么样的形式、什么样的设色、什么样的线条，乃至什么样的设计理念都不是最重要的。

第三节　传统包装艺术的当代形式

　　在当代包装艺术中，能看到大量传统包装艺术的形式、样式。其原因自然是要借重传统艺术的成就，从根本来说，就是因为当代包装艺术还没发展出具有代表性的形式，满足对某种寓意的实现，所以只好以传统的样式来代替。目前来看，中国现代包装艺术的发展历程还很短，还没能进行过多的研究，而且，强势的外来包装艺术已经很好地满足了包装的要求，所创造出的包装文化还超前于中国当代的发展阶段，引领着消费文化的方向，商业的求利导致更没有必要开展原初性探索。形式的模仿是简单的，这一方面让外来的包装艺术迅速普及，另一方面在对传统包装艺术的学习上也就更多地停留在视觉因素的转借。当然，包装艺术更多的还是一门平面艺术，视觉形式是最主要的部分，其他功能性的设计就被简化了。在包装设计中，为引起刺激实现销售目的所采用的方式无非有两种：一是对美的视觉形式的探索，二是对美的视觉形式的利用。传统包装艺术中所采用的形式是经过选择之后的成熟结果，它所反映的是具有普适性的特点，而且由于现在没有发展出成熟的现代样式，传统包装艺术相对而言具有较大的参考价值。

　　传统是一种风格和手段，包装采用民族传统艺术形式来表现能制造出一种视觉氛围，增益这种商品。丝绸、瓷器、漆器、茶叶、文房四宝等这些"传统商品"在采用传统形式包装后，或者只是运用一个汉字，就能让该商品散发出浓浓的东方气息，传达出文化的韵味。在营造民族氛围和传统气息上，中国文字是一种有效的符号。中国的文字来源于形象，是一种象形文字，这是它的绘画性基础。尽管为了书写的方便，相继出现了甲骨文、金文、篆书、隶书、楷书、草书、行书等书写样式，但每种书写方式都强调虚实、疏密、收展、欹正这些美学的构成组合规律。它表意而不表音，将形式和意义结合在一起，是最具传达意义的形式，与之相对的其他的形式往往缺乏这种结合，所以就相形见绌了。例如，茶包装的底色背景，或是茶叶照片，又或是绘以单色平涂茶叶构成，但往往都要在边上加一个大大的行书"茶"字，那些形象的资料也就难以独立地从整个包装中凸显出来。在将文字用作形式意义的因素时，正规正矩的印刷字体显然是不合适的，行书、草书展现的是挥洒不羁，篆书、隶书在渲染古香古色上是常见的。

文字是自古至今一直沿用的书写形式，所以文字获得这样的优势是具有普遍的社会应用基础的，这是无可相比的。除此之外，在对传统形式的利用上采用得最多的还是对古代视觉形象的借用。对具象形象的再现与对规则抽象形象的创造一直是人们努力的方向，最早在原始陶器上涂绘的便是追求具象的形象，只是在技法和技术上实现不了。后来细腻的瓷器为线描这一单色形象塑造方式提供了空间，在硬彩、粉彩直到珐琅彩出现后，终于能够自由地再现自然的色彩、自然的形象。颜色过渡的渐变渲染是对具象这种追求的最明显体现。在现代印刷技术的支持下，对照片和超写实绘画的再现已经是分毫不差，古代陶瓷包装上的人物图案、花卉枝叶、飞禽走兽都能够清晰展现。现代包装设计在对传统因素的利用上的表现也很出色，不仅是传统包装中已采用的样式，在其他姊妹艺术中的成熟形式，如年画、脸谱、皮影、剪纸，也都用于包装中，充分发挥了这些视觉样式的历史感，成功地构筑起情感因素。

传统图案、纹样的色彩所用的材料一般来自矿物质、植物色彩，纯度和亮度极高的色彩非常少，呈现出明显的灰度性。这是技术上的不足，但是由于灰度性的特征，这样的色彩反而更浑厚、持久，不容易发生视觉疲劳，这又是技术不足所带来的优势。当然，这并不是说古代人没有认识到灰色调的这一作用。对灰色调的运用是中国现代包装设计中所缺乏的，也是市场发育还不成熟的表现。

红色、黄色、紫色是自古以来的贵色，在皇室宫廷、宗教用途上，不论中外，这三种色彩都意义重大，尤其是纯度较高的颜色，青、黄、赤、黑、白五色反映的是阴阳五行的思想。运用这些传统色彩能够很好地唤起情感因素，只是随着包装艺术的发展，雅致的要求越来越高，所以在运用时仍然要有选择地进行。在历史上，不同的朝代、不同的时期都产生了不同风格的包装样式，对这些风格仍然要有选择地运用，以适合该时代、该物品的消费对象为重心。

包装组合理念的运用，是数个单个包装组成一个大包装或一个系列的包装。传统包装在组合方式上要按照特定数字组合，如果每个包装的色彩不同，那么大致也会有一定的法则，如青、黄、赤、黑、白五色中要黄色居中。这种特定色彩的搭配是在纵向时间思维认识的指导下做出的，现代包装较少按照这些来处理，如何组合出一种赏心悦目的色彩是最主要的。更强调形式，而忽略内涵，这是现代包装艺术在对传统学习时常见的问题，这种急功近利的做法也同样需要随着包装的深入发展而改变。

在包装的造型上，对传统造型的直接采用并不多见，反倒是系扎方式由于客观的功能性原理使其能够一直延续下来。随着西方系扎方法的引进，在数学原理的指引下，包装形式有了科学的依据和分类。中国古代的系扣在实现一定功能后，向创造一种有趣味的纹样式形象发展，如知名的中国结；西式的系扣则更强调它的原理性，这也是两种不同思维方式的一个小层面。现代包装的结构包括旋转式、外露式、开窗式、封闭式、散放式、堆积式、提携式、抽拉式、姊妹式、组合式、系列式、成套式、借扎式、吊挂式、陈列式、模拟式、异形式、单层式、多层式等；打结方式有平结、反手结、"8"字形结、单编结、双编结、渔人结、带结、活动单套环、环中环、攀踏结、套索、索结、丁香结、锚结、索针结等。

在当代包装艺术对传统的运用和发展上，既有上面所述及的积极方面，也有着消极的方面，但无论是积极还是消极，从根本上讲都不是由包装本身而是由社会消费决定的。在对传统的运用上，老字号、老品牌不但有社会接受的历史积淀，还有着成熟的包装样式，所以它们在开发利用传统包装上的优势是明显的。对于这类产品，人们往往是不加考虑就购买，即便是商家因此标高价格也在所不惜，但是这些老字号近几年却不断爆出质量问题。对于商家这种自损招牌的不智行为，其实应该认识到这是一种时代的必然。在纷乱的发展、转变过程中，一则缺乏规范，二则缺乏消费层次。缺乏规范为各种可能性提供了土壤，出现不顾后果的侵害消费者的行为只是其中一个表现而已；整体的低层次消费从需求方面降低了进入门槛，即使不合规范也能获得同等收益，那么只要存在可能又何必自缚手脚？纯粹视觉刺激型的包装也能满足消费需要，又何必费大力气去追求与收益不相符的雅致包装？消费者对包装的选择导致当代包装的畸形发展，这听起来似乎是牵强的辩解，但实际上需求这种最终"审查程序"所带来的结果才是最主要的。矛头总是对外的，商家成了任人臧否的靶子，消费层次这一针对需求而产生的要求则少人提及，社会认知、审美水平获得整体提高之时才是问题最终解决之日。

第四节　传统包装与现代设计

包装设计艺术是一种视觉传达艺术，它把商品最明显的特征通过视觉语言，以一种艺术化的形式传达出来，具有相当强烈的即时性，这是商业包装的特点，也是现代包装的特点。而传统包装艺术存在的社会历史条件决定了它的生活性特质，以及传统社会形态下的审美特点，使得传统包装艺术相对于现代包装来说有着很多的参考价值。传统包装相对于现代设计，作为诞生于与现代包装相同的社会历史背景下的设计行为，其参考意义也是不言自明的。现代设计作为一种参与生活的物质产品，传统包装本身也是传统文化的一个组成部分，所以，传统包装无须装扮就能实现对传统的负载，传统包装对传统文化的体现就成为一个伪命题。但实际上，这只是以现代的眼光来看待它们，在将它们放入到历史中时，其作为一种切实应用的物品对传统文化的体现才是真正意义上的传统包装对传统文化的体现。

社会文化产品取决于社会文化形态，而社会形态则决定了社会文化形态。对比传统包装与现代包装时可以轻易地区别开来，对于它们在包装艺术上所表现出来的不同，单以商业和非商业来作为原因的推断显然并不足以解释清楚。在现代包装中，包装艺术的产生是以"促进销售"这一目的而展开的，古代也并非没有商业，促进销售也是作为商品包装的包装品类所追求的，但它们所散发出来的"时代味道"却像标签一样表明了它们各自的时代、地域归属。应该说，它们各自本身所具有的特质，更多的是由于社会文化形态的相异而促生的。在此种文化形态下，整个社会的熏陶使得包装艺术表现出这样的旨趣、意蕴和接受共性，在彼种文化的影响下则又让包装艺术表现出与该文化相应的个性呈现。在中国当代设计领域里，无论是盲从者还是真正对设计有着清醒认识的人，创造富有民族特色的优秀设计几乎是每个设计师的共识，所不同的只是如何去创造。

经过一个多世纪的工业革命，面对着工业化后的社会产品，以威廉·莫里斯为首的一批设计师为改变工业化产品的拙劣设计现状，同时也是对工业社会的反动，如同文艺复兴，他在探索出路时将眼光放在了对古代传统的复兴。于是，他领导了工艺美术运动，倡导以手工进行产品制造。他不但在建造自己的房屋时亲自实现这个宗旨，而且后来还开办了事务所从事包括纹样设计、室内设计、日用品设计、书籍装帧等方面的设计实践。众所周知，这场运动后来被新艺术运动所取代。对于这个历史事件，其实应该认识到工艺美术运动的整个过程就是一个实验，它的历史意义在于展示了在创新上的一种思路以及其必然结果。在传承和创新民族文化上，现代设计应该采取什么样的态度可以说是很明显了。传统包装创造出了大量的装饰纹样、装饰原理，在较短时期以及一定的领域内，现代包装可以大量运用这些成熟的样式，但如果现代设计，尤其是产品设计，大量拼贴这些纹样、图案，那么现代设计在中国的创新结果大概也会步工艺美术运动的后尘。

色彩的冷暖、色彩的轻重、色彩的软硬、色彩的强弱、色彩的明快与忧郁、色彩的兴奋与沉静等心理感受主要是由色相、明度、纯度这三项色彩的视觉参数以及它们的组合所决定的，这是现代色彩学研究对色彩与心理接受的认识。传统包装在色彩应用上没有这样仔细的区分，但是它将色彩的心理接受以文化的内涵作为阐发，从而发展出成熟的色彩认识、色彩样式和色彩基调，对色彩要求稳重、深沉，光亮的色彩反而是受到摒弃的，如"贼光"这一词就是形容器物表面过分光亮、用色轻浮。对于透明度较高的玉石、琥珀等要求其温润、清而不彻，玻璃之所以被称作"料器"而不受重视也是因为它的过分透彻，所以古代玻璃常常被制作得像玉一样乳浊。在现代设计中，包括现代包装不强调灰度空间的营造和灰色调的应用，往往采用纯色，且还要高亮、高光，强烈刺激人的神经，引起注意，目前中国在网页设计上表现得最明显。日本动画片用曝光式频闪制造出强烈的色彩对比，不给视神经以空暇，在实现眼球经济的时候对眼睛造成了极大的损伤。当前中国网页设计也是运用这种方式，矢量图本身的特点就是易于表现光亮、炫目的色彩，计算机显示器的发展在表现这些色彩时的优势助长了这种方式的危害性。此外，在这些网页设计上完全没有设计的思想，只是将尽可能多的"视觉点"进行堆积、罗列、叠加，这种设计的短视、唯商业、完全不为观者着想，反映出现代设计急功近利的特点和浮躁、赤裸的心理。其实，光、亮、平滑这些代表现代设计风格的特征在建筑领域早已有广泛运用，大量高层、巨型建筑的外表都贴以玻璃，卫浴用品也以光亮为时尚，但是这些设计却较少受到抵触，它们在设计上是具有优势的。

对比许多国外的网页设计，可以发现他们在灰色调的应用上是很重视的，网页整体设计简洁，在一些网站上尽管也有许多广告，但大多与网页页面一样用中间色，很少应用光亮、曝闪这样的形式。值得注意的是，尽管这些公司在其自己国家内的网页上采用的是灰色调、低光亮，但是其中国公司的网页却表现出中国的特点，不过没有中国网页设计得那么过火。

对于工具的选择，本是各有所好，一件包装在完成其本身的功用后，某个消费者可以依其特征作为他用，这在任何物品上都可能发生。但如果这件包装的生产者预先考虑到该包装在实现包装功能之后，还可以另作他用，因此在生产时就进行设计准备，那么，这可以说是传统包装的又一积极启发意义。带有"五斤"字样的瓷油罐，既可以用来盛装"夏月麻腐鸡皮、麻饮细粉、素签砂糖、冰雪冷元子"等，也可以作为盛裹端午节时所用的应时药物的"梅红匣儿"。现代包装之所以造成包装垃圾增多，除了因为经济原因而制造一次性包装外，也是因为整个社会没有形成这样的预先考虑的思维，造成了大量的污染。当然，古人这种行为是由于经济原因而产生的节俭，而并不是说古人是为了减少污染，更谈不上什么设计的理念、思维问题，不过这种行为对现代设计所具有的启发意义是不容忽视的。它的意义在于一种终生设计的思维，即是说在设计时不仅要考虑该产品将如何被应用，还要考虑产品在丧失功能之后将如何被处理，直到产品被回收重新投入生产，要形成这样一个涉及所有环节的整体设计的理念。

传统包装是中国古代社会中的一项重要器物，无论是在日常家用还是销售推广方面都有着广泛的应用、相当的数量和品类，在长久的历史进程中，传统包装见证了历史，也参与了历史。传统包装的这种历史意义对于现代设计的发展来说，并不一定有直接利用的价值，对于其作用的发挥可以说是"仁者见仁、智者见智"。现代设计最终是要向前发展的，它也需要回望历史，只是不能为历史所牵拘，从而迷失在历史中。

作者简介

安宝江，山东日照人，北京印刷学院设计艺术学院艺术史论部教师，本、硕、博毕业于清华大学美术学院艺术史论系，清华大学与北京印刷学院联合培养博士后。主要从事设计艺术历史与理论研究，主持在研国家社科基金艺术学一般项目、北京市社科基金一般项目及北京市博士后科研活动资助（A类）各一项，出版专著三部，发表中英文论文二十余篇。

安剑秋，山东日照人，毕业于天津工业大学艺术设计学院，现为《日照日报》社美术编辑。山东省新闻美术家协会会员，日照市民间文艺家协会理事。参加国家级、省市级展览十余次，获奖二十余项。